An Introduction to Sustainable Design
& Case Studies

지속가능한 디자인과 사례

| 김수봉 저

박영사

머리말

머리말

An Introduction to Sustainable Design & Case Studies

장소와 자연에 대한 존중과 배려: 지속가능한 디자인

    지속가능한 디자인의 기초 개념인 지속가능성은 1972년 로마클
럽의 보고서인 '성장의 한계'에서 처음으로 언급되었다. 이후 브룬트란
트 보고서(Brundtland Report)로 알려진 환경과 개발에 관한 세계 위원
회의 보고서(WCED)인 '우리 공동의 미래(Our Common Future)'에서
'지속가능한 발전 혹은 개발'의 개념으로 확장되었다. 즉 지속가능한
개발이란 "미래세대의 요구를 제한하지 않는 범위 내에서 현세대의
욕구를 충족시키는 개발"을 말한다.

    지속가능한 디자인은 그린디자인의 다른 말이나 조금 다르게 쓰
인다. 지속가능한 디자인은 다양한 분야에서 그린디자인, 에코디자인,
생태디자인, 친환경디자인 등의 이름으로 쓰이고 있다. 사회생물학자
최재천 교수의 주장처럼 그린디자인은 "생물의 다양성을 존중하는 디
자인, 혹은 주변에 살고 있는 생명체들과 생물학적 구성 요소 사이에
균형을 추구하는 디자인"일지도 모른다. 생물학자들이 말하는 생태계
란 생물적 구성요소와 비생물적 구성요소가 서로 유기적으로 영향을
주고받으며 전체를 이루는 공간을 말한다. 생물과 비생물의 유기적
조합이 그린디자인이다. 이는 도시공간을 다루는 건축·조경·도시 관
련 디자이너들에게 많은 교훈을 준다. 최근 지구환경의 위기와 관련
하여 탄생한 '지속가능한 디자인'은 자원절약과 엔트로피를 줄이기 위
한 디자인이며 동시에 오늘을 살아가는 디자이너의 윤리이다. 이는

iii

근대에 탄생한 '디자인'이라는 프로젝트에서는 전혀 고려되지 않았던 문제이며, 그 프로젝트로 인하여 야기된 도시와 지구의 환경문제를 우리는 눈으로 보고 몸으로 체험하고 있다.

　　지속가능한 디자인은 인간과 자연을 화해시켜 지속가능한 도시를 만드는데 그 목적이 있다. 세계는 지금 기후변화 문제 해결이라는 인류 역사상 가장 큰 도전에 직면해 있다. 디자이너들은 실제 지속가능한 미래를 실현하기 위해 제품, 서비스, 시스템을 재검토하고, 다시 생각하고 다시 만들 수 있는 유일무이한 위치에 있다. 지속가능한 성장이라는 긍정적인 발전의 선두에는 창조적인 사상가와 행동가인 디자이너가 서야 한다. 제이슨 맥레넌은 "유능한 디자이너는 제아무리 심하게 훼손된 지역도 원래대로 회복시킬 수 있다. 그것이 바로 디자이너의 의무이기도 하다. 그렇기 때문에 디자이너는 먼저 이 부지에 필요한 것이 무엇인지, 어떻게 해야 가장 잘 어울릴지 생각해야 한다."고 주장했다. 필자도 지속가능한 디자인을 위한 가장 기본적인 원칙 혹은 철학은 바로 장소와 자연에 대한 존중과 배려라고 생각한다.

　　이러한 배경에서 <지속가능한 디자인과 사례>는 '조경, 건축, 도시 및 교통'을 전공으로 선택한 신입생의 전공기초과목 강의교재로 개발되었다. 본 교재는 '디자인에서 지속가능한 디자인으로'의 변천한 과정을 알아보고 '지속가능한 디자인의 탄생 배경'인 여러 가지 환경문제에 대하여 살펴본 후 세계 여러 도시의 '친환경주거단지, 생태도시, 공원녹지 등 다양한 사례에 적용된 지속가능한 디자인의 원리와 요소'를 소개하는 순서로 구성되어 있다. 부디 독자들이 이 책으로 인간과 자연을 화해시키는 방법을 배울 수 있기를 바란다. 끝으로 지난 몇 학기 원고 준비를 도와 준 연구실 제자들, 졸고를 읽고 많은 조언 해주신 여러분들, 출판을 맡아 주신 출판사 관계자 분들 그리고 가족에게 감사드린다.

2017년 여름,
저자 김수봉

차 례

1부
디자인에서 지속가능한 디자인으로

지속가능한 디자인과 사례

An Introduction to Sustainable Design
& Case Studies

1부

디자인에서 지속가능한 디자인으로

"사람들의 대부분은 디자인을 겉포장쯤으로 생각한다. 하지만 이는 디자인의 진정한 의미와 거리가 멀다. 디자인은 인간이 만든 창조물의 중심에 있는 영혼이다."

-스티브 잡스

▼ 지속가능한 디자인은 자연과 인간이 상생하는 디자인

디자인

1. 디자인의 정의와 개념

디자인이라는 용어는 '지시하다'·'표현하다'·'성취하다'의 뜻을 가지고 있는 라틴어의 데시그나레(designare)에서 비롯되었고, 16세기 영국에서는 무언가를 만들기 위한 기안을 의미하는 용어로 사용되었다. 디자인을 사전에서 찾아보면, "명사로서의 디자인은 다양한 사물 혹은 시스템(건축에서의 청사진, 엔지니어링 도면, 사업의 표준 프로세스, 서킷보드의 다이어그램, 바느질 패턴 등)의 계획 혹은 제안의 형식(도안, 모델이나 다른 표현) 또는 물건을 만들어내기 위한 제안이나 계획을 실행에 옮긴 결과를 의미하며, 동사로서의 디자인은 이것들을 만드는 것을 의미한다. 일반적으로 받아들여지는 일원화된 디자인의 정의는 존재하지 않으며, 디자인이라는 용어는 각자 다른 분야에서 다양한 의미로 해석되고 응용되고 있다. 실질적으로 만져지는 물건을 창조하는 행위나 그 행위의 결과(유리 그릇, 도자기, 나무 장식품 등) 역시 디자인이라 할 수 있다."(그림 1-1)[1]

---

1 위키피디아, https://ko.wikipedia.org/wiki/%EB%94%94%EC%9E%90%EC%9D%
B8 2017년 2월 3일 검색.

그림 1-1
디자인제품으로
가득한 암스테르담
스키폴 국제공항

디자인이란 설계라고도 하며 주어진 목적을 가지고 여러 가지 재료를
이용하여 구체적인 형태나 형상을 실체화하는 의장이나 도안을 말한
다. 좁은 의미로 보면, 디자인은 아름다움을 뛰어넘어 그 이상의 의미
를 가지고 있다. 아무리 아름다운 형태의 디자인이라고 하더라도 생
산기술상 문제가 있고 생산 비용이 비싸면 성공한 디자인이라고 할
수 없다. 소비자의 감성과 욕구에 맞는 제품을 새로 개발하고 경영전
략 및 생산라인 구축에까지 관여하는 게 바로 요즘의 디자인이다. 디
자인은 제품을 보다 아름답게 만드는 것을 뛰어넘어 시장에서 소비자
들에게 더 잘 팔릴 수 있는 형태와 새로운 기능, 불필요한 원가를 줄
일 수 있는 솔루션까지 제공해야 한다.[2]
한편 계획(Planning)이 문제를 찾는 과정(Problem seeking process)이라면
디자인은 문제를 해결하기 위한 과정(Problem solving process)이며, 그
의사결정 과정은 민주적이어야 한다(그림 1-2).

예술은 예술가 개인의 고뇌와 개인의 지적 활동을 통하여 '작품'을 창작하지만, 디자인은 여러 디자인 관련 종사자들의 생각을 서로 나누는 과정을 통하여 '상품'을 만든다. 디자인을 통해 만들어진 상품은 시장에서 모든 사람, 즉 소비자들의 기호를 만족시켜야 한다. 상품은 시장에서 잘 팔리고 회사의 이익을 창출해야 한다.

디자이너는 그의 주관적인 생각을 디자인회의 과정을 통하여 객관화시키는 작업을 해야 한다. 그리고 디자이너는 사회적·도덕적·환경적으로 그 책임이 막중함을 인지해야 한다. 왜냐하면 대량생산, 대량소비시대의 디자인은 인간과 사회와 지구환경에 영향을 주는 매우 강력한 도구이며, 디자인을 통하여 인간은 우리를 위한 도구와 공간을 구체화하기 때문이다.

3 http://social.lge.co.kr/lg_story/the_blog/global_lg/40_/ 2017년 2월 17일 검색.

2. 디자인에 관한 명언[4]

디자인의 정의는 중화요리의 가지 수만큼 다양하다. 많은 유명인들이 디자인과 디자이너에 관하여 많은 말들을 쏟아냈다. 그 중 디자인 관련 명언들을 선택하여 소개한다. 그들의 말은 디자인 초보자들에게 디자인을 쉽게 이해하고, 다가가는 데 많은 도움을 준다.

"사람들의 대부분은 디자인을 겉포장쯤으로 생각한다. 하지만 이는 디자인의 진정한 의미와 거리가 멀다. 디자인은 인간이 만든 창조물의 중심에 있는 영혼이다."

-애플 CEO 스티브 잡스

"간단한 도구에서부터 자동차, 패션, 포스터, 만화, 게임, 건축과 도시에 이르기까지 우리는 디자인을 통해 삶을 약속하고 있는 것이다. 문화란 약속된 삶을 뜻한다. 그것은 특정 시대, 특정 사람들의 집단적 기대와 믿음을 바탕으로 약속된 삶의 방식을 의미하는 것이다."

-김민수 교수, 김민수의 문화 디자인[5]

"디자인은 사람을 위해 물건을 좋게 만드는 것이다."

-영국의 디자이너 리처드 세이무어

"일상생활 속에서 어떤 행동을 계획하고 보다 좋게 구체화하는 것이 디자인 과정과 똑같다."
"우리 인간 모두는 디자이너다."

-빅터 파파넥

"디자인은 '우리 인간이 어떻게 하면 아름답고 품격 있게 살 수 있는가에 대한 방법을 찾는 것'이라고 말할 수 있겠다. 이를 위해 자동차든, 건축물이든, 그래픽이든, 눈에 보이지 않는 서비스나 업무절차든 새로운 아이디어를 현실화하는 것이다", "디자인은 제품을 보면서 그리고 제품과 얘기를 나누면서 색채와 기능을 음미하고, 집안에 갖다 놓았을 때의 즐거움을 상상하는 문화의 하나다."

- 〈핀란드 들여다보기〉의 저자 이병문 기자

---

4 http://gsrealdesign.tistory.com/entry/디자인의-정의들 〈Real Design〉 2017년 2월 3일 검색.

5 김민수, 김민수의 문화 디자인, 다우출판사, 2002, p.53.

"디자이너는 미래의 연금술사다."

-리처드 코샐렉(디자인 아트센터 칼리지 총장)

"(디자인에서) 중요한 것은 미학이다. 매혹적인 물건은 효용이 더욱 크다."

-돈 노먼(저술가 겸 엔지니어링 교수)

"사업가들이 디자이너를 깊이 이해해야 할 필요는 없다. 사업가들이 곧 디자이너가 되어야 하기 때문이다."

-로저 마틴(로트먼 경영대학원장)

"유용한 것이 아름다운 것이란 말은 사실이 아니다. 오히려 아름다운 것이 유용한 것이다. 아름다움은 인간의 생활방식과 사고방식을 개선할 수 있다."

-안나 페리에리(가구 디자이너)

"좋은 디자인이란, 그것이 없어지고 난 뒤에야 소중함을 깨닫게 되는 뭔가를 만들어내기 위해서 사람들의 욕구에 기술과 인지과학, 그리고 美를 결합하는 르네상스적 태도다."

-파올라 안토넬리(현대예술 박물관 큐레이터)

"디자인은 사물의 외향이나 스타일만을 의미하는 것은 아니다. 디자인의 화두는 바로 인간이다. 단순한 제품 하나가 생활에 작은 기쁨을 줄 수 있기에 디자인의 본질은 바로 인간의 욕구를 깊이 이해하는 것에서부터 출발한다고 할 수 있다."

-핀란드 주방용품 회사 이딸라(Iittala)[6]

핀란드 주방용품 회사 이딸라 Iittala 홈페이지

6 http://royaldesign.com/eu/Iittala.aspx?gclid=CPm8sZPjwNICFUIJvAodOHYEGg#1
2017년 3월 6일 검색.

"디자인은 사람이 보고, 만지고, 들을 수 있는 무언가를 만들어내는 것을 기획하는 것이다."

-디자인 매니저, 피터 고브

"디자이너는 다양성을 창조하는 패러다임의 선구자 역할을 다하고 풍부한 지식을 소유해야 한다." "디자이너는 문제 전체를 조망할 수 있고 그 해결점을 찾을 수 있어야한다"

-독일 Stuttgart 시각미술 국립대학 교수이며 국제 디자인 컨설팅 회사 TESIGN 대표
조지 테오도레스쿠

"디자인은 눈에 보이는 지성이다"

-프랑스 건축가, 르 코르뷔지에[7]

"사람들은 삶을 좀 더 간단하게 만들어 주는 디자인을 구매할 뿐만 아니라 더 나아가서 그런 디자인을 사랑한다. 디자인한다는 것은 단순히 조립하고 배열하고 또는 편집하는 것보다 훨씬 큰 의미가 있다. 그것은 가치와 의미를 불어넣고, 의미를 드러내고, 단순화하고, 명확히 하고, 꾸미고, 권위를 부여하고, 극적으로 만들고, 그리고 즐거움을 주는 일까지도 포함하는 것이다."

-미국출신 그래픽 디자이너 폴 랜드

건축가 르 코르뷔지에

"좋은 디자인은 정직하고 효과적인 방식으로 세상과 호흡하도록 해준다. 반면 나쁜 디자인은 얕은 식견 혹은 속임수에 가까운 착취적 생산전략의 징후이다. 좋은 디자인이 진실을 말한다면, 나쁜 디자인은 거짓을 말한다. 나쁜 디자인의 거짓말은 어떤 식으로든 힘의 남용과 연결되어 있기 마련이다."

-오리건 대학 로버트 그루딘교수의 저서 〈디자인과 진실〉에서

"디자인은 어떤 것을 '미리 계획된' 형태로 만드는 일련의 과정이다. 많은 사람들이 디자인을 표면상의 꾸밈 정도로만 고려하고 있을 테지만 실은 디자인이란 제품의 물질적인 속성을 개발하는 '모든 과정'을 의미하는 것이다."

-그래픽 디자이너, 매튜 힐리

로버트 그루딘의 저서
〈디자인과 진실〉

"바람직한 제품을 디자인한다는 것은 곧 총체적인 사용자 경험을 디자인 하는 것을 뜻한다."

-디자인과 인감심리의 저자, 도널드 노먼 교수

---

7 http://www.lecorbusier.co.kr/ 2017년 3월 6일 검색.

폴스미스의 유명한
스트라이프 셔츠

"제대로 된 디자인은 우리 삶의 질을 높이고, 직업을 만들어 내며 사람들을 행복하게 만든다."

−디자이너 폴 스미스

"디자인 주도의 기업이 되는 것은 단순히 아름다운 제품을 만드는 것에 그치는 것이 아니라 고객들에게 긍정적 정서의 아이디어를 제공하는 회사가 되는 것이다."

−삼성 디자인 아메리카, 이상연 이사

"위대한 디자인은 고객과의 깊은 관계를 창조하는 것이다."

−스탠퍼드대학교 디자인 프로그램 책임자, 빌 버넷

"디자인에서 기억해야 할 것은 이미지의 시각적 즐거움이 아니라 그것이 지니는 메시지다."

−영국 런던출신 그래픽언어디자이너 네빌 브로디

"디자인은 기업이 행할 수 있는 최후의 차별점이다."

−마이크로소프트 디자인 제너럴 매니저, 레이 라일리

"디자인은 필요를 만족시키기 위한 도구로 개념화되고 전환되는 환경에 의한 프로세스이다."

−디자인 매니저, 알란 토팔란

"21세기는 지적 자산이 기업의 가치를 결정짓는 시대이다. 기업도 단순히 제품을 파는 시대를 지나 기업철학과 문화를 팔아야만 하는 시대라는 뜻이다."

−정국현 삼성디자인학교(SADI) 학장

"가장 간단한 디자인의 정의는 '당신이 사용자를 어떻게 대하는가'이다. 만약 고객의 지성을 인지하고 환경적·감성적·윤리적 견지에서 적절히 대응한다면 당신은 아마도 좋은 디자인을 하고 있을 것이다."

−산업디자이너, 기업인, 이브 베하

"디자이너라는 직업은 예술가가 아니다. 그들은 의미적 기호들을 파악하는 전문가이다."

−파리출신 제품디자이너, 필립 스탁

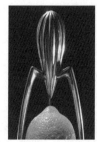

필립 스탁의 작품. 주방 용기를 예술로 승화시켰다는 평을 듣고 있는
이탈리아 알레시(Alessi)의 감귤류 과즙기 '주시 살리프'(Juicy Salif).

"고객은 제품이 아니라 제품을 통한 경험을 구매한다."

-작가, 컨설턴트, 미래를 경영하라 저자, 톰 피터스

"디자인은 21세기 최후의 승부처다."

-삼성그룹 이건희 회장

"모든 예술과 디자인은 신의 작품과 마찬가지로 자연의 학습에 기초해야 한다."

-영국의 미술, 건축 평론가, 존 러스킨

디자인경영의 대가
톰 피터스

"그린디자인은 디자인 주류에서 파생된 부속적인 개념이 아니라, 디자인 과정에 있어서 생산성, 기능, 미학만큼 중요하고 필수적이며 통합적인 요소로 부상하고 있다."

-(환경을 위한) 그린디자인의 저자 도로시 맥켄지

" '요람에서 무덤까지', 즉 디자이너는 재료의 선정과 제품의 사용과 폐기의 모든 과정에서 발생 가능한 환경 피해에 대한 도덕적 책임과 사회적 책임 의식을 가져야 한다."

-제품 디자이너 폴 버렐

도로시 맥켄지가 쓴
(환경을 위한)
그린디자인

"그린디자인은 저널리스트를 위해, 또 그들이 의해 탄생된 어리석은 생각이다. 그린디자인은 새로운 이론이 아니라 늘 재료를 경제적이고 안전하게 사용하고 자연 및 자연의 원칙과 조화를 이루는 지금까지의 '현명한 디자인'과 다를 바 없다."

-스티븐 베일리의 '현명한 디자인'

3. 디자인의 발전과정

디자인은 우리 인간의 삶에 필요한 도구를 만드는 것과 관련이 있는 작업으로 시작되어 기술과 생산양식의 변화에 의한 사회 변화를 인식하고 현재를 의도적으로 변혁시켜 갈 것인가를 고민한 소위 '근대프로젝트'였다. 근대라함은 서양의 경우 영주와 농노 사이의 지배·예속 관계에 기반을 둔 봉건시대 다음에 전개되는 시대를 말한다.

18세기 중엽 영국에서 시작된 기술혁신과 이에 수반하여 일어난 사회·경제 구조의 변혁이었던 산업혁명 직후의 디자인은 순수미술의 미술적 요소를 산업에 응용하였다. 19세기 중반부터 왕족과 귀족의 자리를 대신 차지한 자본가계급에 의해 수공예라는 전통과 단절된 기계화에 의한 대량생산방식을 기반으로 새로운 미학을 확립하였으며 그 과정에서 근대 디자인이 탄생하였다. 새로운 미학이란 제품을 아름답게 만들고 기능적이면서 효율적으로 만들어야 한다는 것, 즉 산업기술과 예술을 합일하여 새로운 예술을 성취하는 것으로서 근대 디자인은 곧 산업디자인을 의미하는 것이다. 당시 근대 디자인의 주된 두 가지 가치규범은 절대적인 미와 공리적인 기능이었다.

19세기 말 영국에서 윌리엄 모리스를 중심으로 근대적 조형 이념을 보급하고 당시 공업생산 중심의 산업에 반성의 계기를 제공하였던 <미술공예운동>에서 비롯된 모던디자인은 디자인이라는 언어를 통하여 당시 사람들의 생활이나 환경을 어떻게 변화시키고 어떤 사회를 만들어 나갈지에 대한 문제의식을 가지고 있었다(그림 1-3).[8]

그림 1-3
1859년 윌리엄 모리스와 필립 웹이 공동으로 디자인 한 미술공예운동의 거점이었던 붉은 집 (Red House).

20세기 전반에는 영국 미술공예운동에 영향을 받은 독일공작연맹은 단순한 공예운동이나 건축운동이 아니라 독일 공예업계에 미술의 생활화, 기계 생산품의 미적 규격화 등을 주장하였다. 독일의 바우하우

8 https://en.wikipedia.org/wiki/Red_House,_London 2017년 2월 13일 검색.

스는 독일공작연맹의 이념을 계승하여 예술창작과 공학 기술의 통합
을 목표로 삼은 새로운 교육기관으로 현대 건축, 회화, 조각, 디자인
운동에 매우 의미 있는 영향을 주었으며, 디자인의 근대화를 추구했
다. 러시아의 혁명9후 아방가르드 디자인 그리고 1·2차 세계대전 사
이에 등장한 미국인들의 디자인 작업 등은 유토피아의 이미지를 그리
고자 했다. 그러나 미래의 이미지에 대한 1930년대의 사회주의, 파시
즘 그리고 자본주의라는 관점에서의 해석은 오랜 이데올로기 투쟁을
거쳐 디자인으로 제시되었으나 전쟁으로 빛을 보지 못하였다.10

한편 디자인의 종류에는 광의의 디자인 개념인 모든 조형 활동에 대
한 계획 중에서 특히 공업기술을 이용해서 인간생활의 발전에 필요한
제품 및 도구를 보다 대량으로 생산하여 소비시킬 목적인 산업디자인
(Industrial design), 대체로 인간생활에 필요한 정보와 지식을 넓히고
보다 신속·정확하게 전달하기 위해 사람의 시각에 초점을 맞춘 시각
디자인(visual design), 그리고 인간생활에 필요한 환경 및 공간을 보다
안전하고 쾌적하게 만들기 위한 환경디자인(environment design) 등이
있다.

4. 디자인과 과잉소비

제2차 세계대전 후의 디자인은 시장을 어떻게 차지할 것인가가 그 목
적이 되었다. 1929년 미국의 주식시장 붕괴는 인간의 삶을 파괴하는
대공황이라는 지옥 속으로 미국을 밀어 넣었다. 이런 미국 경제를 살
린 것은 아이러니하게도 제2차 세계대전이었다. 그러나 전쟁이 끝난
1년 후 트루먼 대통령은 소비가 경제의 동력이 되어야 함을 강조했

---

9 1905년의 제1차 러시아혁명과 1917년의 3월 혁명(구력 2월)을 포함하는 러시아의 프
  롤레타리아 혁명을 일컫는다.
10 카와사키 히로시, 20세기의 디자인, 강현주·최선녀 옮김, 서울하우스, 1999, pp.15-17
  참고.

고, 1953년 아이젠하워 대통령은 경제자문회의에서 미국경제의 궁극적인 목적은 더 많은 소비자 물품을 생산하는 것이라고 천명하였다. 그리고 디자인이 연출하는 풍요의 이미지와 다양한 생활 상품들이 시장에 넘쳐났다. 이런 상품이나 서비스는 소비자들에게 억지소비를 강요하고 낭비를 부추겼다. 소비자들이 지속적으로 돈을 많이 쓰도록 먹고, 마시고, 꾸미고, 운전하고 살아가도록 만들었다. 이러한 움직임에 동참한 디자인은 과잉소비사회를 낳는 데 일조했다. "상품을 오래 가도록 만들면, 시장이 결국에는 포화상태가 되고 만다. 그러나 상품들을 만들 때 얼마 못가서 못 쓰게 되도록, 유행에 뒤떨어지거나 버려도 좋도록 디자인 해놓으면, 시장은 끝없는 요구로 불타게 된다. 20세기 말 미국 경제의 70%가 소비를 전제로 한 것들이다. 이렇게 써버리고 말 소모 상품들을 만드는 재료는 모두 생태계에서 나오는 것으로, 이런 상품들이 버려지면 이것들은 황폐한 쓰레기들이 되어 지구로 되돌아온다. 그리고 의도하지 않았던 결과들이 생기게 된다."[11]는 주장은 과잉소비사회를 조장하는 데 일조한 디자이너들이 반드시 새겨들어야 한다.

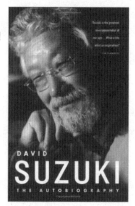

그림 1-4
캐나다의 방송인 및
환경운동가인
데이비드 스즈키

캐나다의 방송인 및 환경운동가인 데이비드 스즈키(그림 1-4)에 따르면 집에서 쓰는 전자제품이나 끊임없이 스스로 만들고 고치기를 반복하게 하는 'DIY(Do-It-Yourself)'제품도 따지고 보면 "값비싼" 소비운동의 표본[12]이라고 강조했다.

20세기 들어 시작된 이 디자인으로 인한 과잉소비는 농업혁명, 도시혁명 그리고 산업혁명으로 야기된 지구의 환경문제를 더욱 악화

11 데이비드 스즈키, 데이비드 스즈키의 마지막 강의, 오강남 옮김, 서해문집, 2012, pp.70-71 참고.
12 데이비드 스즈키, 데이비드 스즈키의 마지막 강의, 오강남 옮김, 서해문집, 2012, p.70 참고.

시켰다.

디자인이 이러한 과잉소비사회를 조장하고 지구환경을 해치는 이유에 는 지금까지 디자인 분야에서 강조되어 왔던 합목적성, 심미성, 경제 성, 독창성, 질서성, 합리성 등과 같은 디자인의 조건과 관련이 있다 고 생각된다. 합목적성이라 함은 실제 디자인의 목적을 이루기 위해 서는 객관적이고 합리적인 과학적인 기초를 바탕으로 해야 한다는 뜻 이다. 그에 반해 심미성은 합목적성과는 대립되고, 디자인을 위한 아 름다움도 보편타당해야 한다는 뜻이다. 다음으로 경제성은 최소의 자 원을 투입하여 최대의 효과를 거둔다는 경제활동의 대원칙을 따른다. 독창성은 현대 디자인의 핵심가치로 모방이나 반복, 부분적인 변경 등은 지양되어야 함을 뜻한다. 질서성은 앞에서 언급한 디자인의 조 건을 하나의 집합체, 각 원리의 모든 조건을 하나의 통일체로 한다는 것이다. 그러나 지금까지 과잉소비사회를 조장했던 디자인 조건들은 '자연과 환경'에 대해서는 전혀 고려하지 않았다. 이러한 합리적이고 과학적이며 아름다움과 질서 그리고 독창성을 가져야 하는 디자인은 서구의 자연에 대한 합리적인 지배와 이를 위한 기술 중심적인 세계 관에 바탕을 두고 있다.

이러한 인간중심적인·소비중심적 디자인이 생태학적 사고와 삶의 방 식으로 전환하지 못하고 특히 대량생산과 대량소비라는 경제중심의 사고방식을 바꾸지 않는다면 우리의 미래는 존재가 불투명하다. UC 버클리대학 건축학과의 석좌교수인 심 반 데 린은 그의 저서 생태디 자인(Ecological Design)에서 "환경의 위기는 여러 면에서 디자인의 위 기"(In many ways, the environmental crisis is a design crisis)[13]라고 주장했 다(그림 1-5). 왜냐하면 디자인은 결국 디자인의 소재를 어떻게 만들고, 건물을 어떻게 지으며, 주변 경관을 어떻게 이용하는가로 귀결되기 때문이다. 따라서 최근 디자인 교육에서는 디자인의 조건이 친자연 혹은 친환경을 강조하고 있다. 친환경디자인은 모든 디자인 교육, 디

---

13 Sim Van der Ryn & Stuart Cowan (2007), Ecological Design, Tenth Anniversary Edition Paperback, Island Press; annotated edition, p.24.

그림 1-5
심 반 데 린의
생태디자인
(Ecological Design)
10주년 기념도서

자인 개발, 디자인 정책도 반드시 생태적 과정, 방법, 수단, 나아가 생태학적 평가를 전제로 지속성을 보장하고 지속가능한 발전을 유도해야만 한다. 지속가능한 디자인은 생물학적 다양성과 환경적 통합성을 유지하고, 대기, 물, 토양의 건강에 기여하며, 인간의 이용에 의한 영향을 감소시키는 것[14]을 의미하는 '새로운 디자인'이다.

---

14 한국색채학회, 컬러리스트(이론편), 도서출판 국제, 2002, p.176.

새로운 디자인의 탄생

02

뉴욕 주립대학의 석좌교수 사회학자 임마누엘 월러스틴은 근대를 '해방적 근대'와 '기술적 근대'로 구분했다. 유럽사회가 추구했던 근대의 첫 번째 지향점이면서 본질적인 지향점은 원래 폭력적 권위로부터의 해방과 개인의 자유, 그리고 공동체적 평등의 실현이었다. 이를 '해방적 근대'라고 부른다. 그러나 다른 한편 서구의 근대는 자연에 대한 합리적인 지배와 이를 위한 기술 중심적인 세계관을 추구했다. 즉 자연의 한계에서 벗어나는 인간의 힘을 보여주자는 것이었다. 이를 '기술적 근대'라고 한다. 우리의 근대는 '해방적'이기보다는 '기술적 근대'에 치중하지 않았나 생각된다(그림 2-1).

그림 2-1
1936년에 제작된
찰리 채플린의
코미디 영화
〈모던 타임즈〉가
보여주는 기술적
근대의 모순

근대디자인이 탄생하던 19세기에는 '새로운 기술'인 기계가 산업 안에 파고드는 소위 산업화의 영향으로 정치, 경제적인 면에서 뿐만 아니라 사회적이고 문화적인 면에서도 과거 유럽 사회가 지녀온 방식과는 전혀 다른 차원의 삶의 양식을 탄생시켰다. 산업사회의 발전은 당연히 생활환경의 변화를 촉진시키고 정신공간과 사고감각의 양식을 변용시켰다. 그리고 왕족과 귀족을 대신하여 새롭게 사회의 주역으로 등장한 부르주아 계층은 시민사회를 형성해 가면서 과거의 전통들과 단절된 그들 고유의 새로운 미학을 확립하고자 하였다. 이를 뒷받침한 것이 바로 기계화된 대량생산방식이었다. 당시 유럽 내에서 진보적인 아방가르드 미술가들과 예술가들은 사회변화에 부응하면서 새로운 사회에 적합한 예술형식을 탐색하기 시작했고 이러한 과정에서 근대디자인이 탄생하게 되었다. 이러한 변화들 중 영국의 미술공예운동 등을 비롯하여 19세기에 시작된 모던 디자인은 한마디로 말해 디자인이라고 하는 언어를 통하여 사람들의 생활이나 환경을 어떻게 변혁하고, 어떠한 사회를 실현할 것인가라는 문제의식을 가지고 있었다.[1]

근대 디자인이 탄생했던 19세기 산업혁명 이후 세계는 급속한 과학기술의 발달과 함께 인구의 급증, 도시화 그리고 공업화 등으로 인류의 생활터전인 지구환경이 그 이전에 비해 더 크고 넓게 위협받고 있다. 또한 환경을 외면한 경제개발 정책은 미래에 인류의 생존기반 자체를 허물어 버릴 것이라는 환경위기의식으로 점차 고조되고 있으며, 환경문제는 전 지구적인 관심사항으로 등장했다. 왜냐하면 오염물질과 에너지의 방출로 인한 오염의 규모와 패턴, 그리고 규칙적인 흐름, 기상학·수문학적인 리듬 등을 고려했을 때 환경문제는 국가적인 차원의 정치문제를 넘어 세계화되고 있기 때문이다. 예컨대 대기 중에 이산화탄소와 염화불화탄소 그리고 메탄 등을 증가시킴으로써 성층권의 오존층이 파괴되고 지구온난화현상을 발생시키는가하면, 발전소와 제련소에서 발생되는 황산과 질산 등과 같은 산화물질이 용해되어서 대

---

1 카와사키 히로시, 20세기의 디자인, 강현주·최선녀 옮김, 서울하우스, 1999, p.16.

기로 증발해 산성비가 되어 국경을 넘어 다른 곳에 뿌려지고 있으며, 원유유출로 인해 해양으로 오염이 이동하는 등 기존의 국지적이던 환경문제가 지구전체의 문제로 확대되어 가고 있다.

따라서 환경문제는 별개 문제들의 단순한 혼합물이 아니라 문제 간에 상호 연결된 복합체로 파악될 수 있으며, 그 구조의 특징을 살펴보면 대체로 다음과 같은 다섯 가지의 특성을 지니고 있다. 필자는 디자이너들이 환경이 가지고 있는 이러한 특성을 정확히 이해하는 것이 새로운 디자인을 위한 출발점이라고 본다(그림 2-2).

그림 2-2
엔트로피증가: 버려진
전기 디자인제품들

먼저 환경문제는 여러 변수들의 상호작용에 의해 발생하므로 상호간에 인과관계가 성립되어 문제해결을 더욱 어렵게 한다. 이러한 문제들끼리 상승작용을 일으켜 그 심각성을 더해 가며, 상승작용은 오염을 심화시키고, 각 오염물질은 서로 화학반응을 일으켜 더 큰 문제를 유발하기도 한다. 우리는 이를 환경의 상호관련성이라고 한다.

다음으로 오늘날 환경문제는 어느 한 지역, 한 국가만의 문제가 아니라 범지구적, 국제간의 문제이며 '개방시스템'인 환경의 특성에 따라 공간적으로 광범위한 영향권을 형성한다. 이를 환경의 특성 중 광역성이라고 한다.

세 번째의 환경의 특성은 시차성이라고 부르는데 이는 환경문제의 발생과 이로 인한 영향이 현실적으로 나타나게 되는 데에 상당한 시차가 생김을 이르는 말이다.

탄력성과 비가역성은 환경의 또 다른 특성 중 하나이다. 즉 환경문제는 일종의 용수철과도 같다. 어느 정도의 환경악화는 환경이 갖는 자체 자정작용에 의하여 쉽게 원상으로 회복된다. 그러나 환경의 자정능력을 초과하는 많은 오염물질량이 유입되거나 파괴행위가 지속되면 생태계 스스로의 자정작용이 불가능해진다고 한다.

마지막으로 가장 중요한 환경의 특성은 엔트로피 증가인데 간단히 엔트로피의 증가라 함은 『사용가능한 에너지(Available energy)』가 『사용불가능한 에너지(Unavailable energy)』의 상태로 변하는 현상을 말한다. 그러므로 엔트로피 증가는 사용 가능한 에너지, 즉 자원의 감소를 뜻하며, 환경에서 무슨 일이 일어날 때마다 얼마간의 에너지는 사용 불가능한 에너지로 끝이 난다. 이런 사용 불가능한 에너지가 바로 「환경오염」을 뜻한다고 할 수 있다. 대기오염, 수질오염, 쓰레기의 발생은 모두 엔트로피의 증가를 뜻한다. 환경오염은 엔트로피의 증가에 대한 또 다른 이름이라고도 할 수 있으며 사용 불가능한 에너지에 대한 척도가 될 수 있다.

이러한 배경하에서 환경을 고려한 새로운 디자인은 자원절약과 엔트로피를 줄이기 위한 디자인이며 동시에 오늘을 살아가는 디자이너의 윤리여야 한다. 이는 20세기 디자인에서는 전혀 고려되지 않았던 문제이며, 과잉소비에 동참했던 디자인으로 인해 야기된 도시와 지구의 환경문제의 여러 가지 결과를 우리는 눈으로 보고 몸으로 체험하고 있다.

디자이너들의 환경의식을 고취시키기 위하여 미국의 디자인협회와 미국디자인학회가 디자이너들을 대상으로 디자인 방향에 대하여 몇 가지 원칙을 제안하였다. 그 원칙은 먼저 '디자이너는 환경오염을 최소화하고 사용자에게 안전한 건물, 제품 등을 개발'해야 함을 강조했다. 다음으로 디자이너들은 '생태계를 보호하기 위해 오염을 최소화하도록 노력해야 하며, 쓰레기의 양을 줄일 수 있도록 튼튼하고 호환성이

좋으며 재활용되기 쉬운 디자인'을 해야 할 것을 제안했다. 마지막으
로 디자이너는 '자신의 디자인을 사용하는 사람의 건강에 피해를 주
지 않아야 하며, 가능한 한 에너지 효율적인 생산 작업 과정을 택해
야 한다.[2] 이미 오래전 도로시 맥켄지는 "디자인 결정과 디자인 프로
세스에 영향을 미치고 있는 모든 환경문제를 인식하며 또한 환경적인
문제를 최소화하는데 기여할 수 있는 디자인의 역할"[3]을 강조했다.
맥켄지는 디자이너들의 이러한 새로운 역할과 접근 방법을 (환경을 위
한)<그린디자인 Green Design −Design for the Environment>이
라고 불렀다(그림 2-3).[4]

Green Design: Design for the Environment Hardcover – March, 1997
by Dorothy MacKenzie (Author)
Be the first to review this item

▸ See all 4 formats and editions

Hardcover
from $0.77

16 Used from $0.77
3 New from $66.04

The second edition of a design reference which sets out to define the issues faced by designers in
applying environmental considerations during the process of their work. This edition has been revised to
take account of recent developments which go some way to indicate that the contribution of design to
environmental conservation has become increasingly recognized. Many companies have made progress
in reducing the deleterious effects of their manufacturing operations. Problems are addressed in the
fields of architecture and interior design, product design, packaging, print, graphics and textiles. An

그림 2-3
도로시 맥켄지의 저서
(환경을 위한)
그린 디자인

1. 그린디자인[5]

1998년에 사망한 캔자스대학교 건축도시디자인학부의 종신교수였던
빅터 파파넥은 "지구 환경의 생태 균형이 더 이상 지속될 수 없다는
점은 거의 의심의 여지가 없다. 만일 우리가 지구 자원을 보전하는 것

2 http://urban114.com/news/detail.php?wr_id=3044 2017년 2월 23일 검색.
3 도로시 맥켄지, (환경을 위한) 그린 디자인, 이경아 역, 국제, 1996, p.7.
4 https://www.amazon.com/Green-Design-Environment-Dorothy-MacKenzie/dp/18
   56690962 2017년 2월 23일 검색.
5 김수봉, 자연을 담은 디자인, 박영사, 2016, pp.268-269 참고.

을 배우지 않고 소비와 생산, 그리고 재활용 패턴을 근본적으로 바꾸
지 않는다면 우리에게 미래는 없을 것"6이라고 오래전에 경고했다.
주지하다시피 농업혁명, 도시혁명, 산업혁명을 뒤이은 20세기 과학기
술이 지속적인 혁명을 거듭하는 과정에서 인구의 증가와 자원의 고
갈, 국지적 환경오염과 산림의 파괴, 기후변화 등과 연계되어 지구 환
경의 지속가능성에 위기를 가져왔다. 이러한 지구의 위기를 타개하기
위해 인류는 1972년 스톡홀름과 1992년 리우 데 자네이루에서 모임
을 가졌고 특히 리우에서 미래세대의 요구를 저해하지 않으면서 현
세대의 욕구를 충족시키는 경제성장과 환경보전을 이루자는 이른바
'지속가능한 개발(Sustainable Development)'이라는 공동의제를 마련했
다. 21세기 지구환경시대의 새로운 패러다임으로 등장한 지속가능한
개발은 디자인에서도 역시 친환경, 에코(ecology), 그린(green), 지속가
능한 디자인 등 다양한 모습으로 나타나고 있다. 전통적인 산업디자
인 관점에서 그린디자인은 재활용디자인, 재사용디자인 그리고 제품
수명연장디자인, 다품종 소량생산디자인, 분해디자인(DFD) 등으로 정
의할 수 있다. 그린디자인(Green design)은 재활용과 재사용이 가능한
환경친화적 제품을 디자인하는 것을 의미하며 지구환경을 배려하는
모두를 위한 디자인이다.7 무엇보다 중요한 것은 '지구 환경을 생각하
는 가치'를 담고 있어야 한다. 자연과 인간의 조화와 균형을 꿈꾸는
공감 디자인을 말한다. 그린디자인은 환경과 공생의 관점에서 생명의
원천인 자연환경을 보전하고, 환경에 대한 사회적인 책임을 강조하는
디자인이다(그림 2-4).8

---

6 빅터 파파넥, 녹색위기, 조영식 외 옮김, 서울하우스, 2011, p.7.
7 http://alog.auric.or.kr/YASU19/Post/5166f717-1963-4e03-ba22-6e421760c5c4.a
   spx 2017년 3월 6일 검색.
8 http://field.incheon.go.kr/posts/185/645?curPage=1를 참고하여 재작성.

그림 2-4
5R로 요약되는
그린디자인의 개념도

그린(green)디자인은 제품생산에서부터 도시, 건축, 조경 등으로 그 영역이 확장되고 있으며, 자연을 디자인의 수단으로 사용함으로써 마케팅 효과도 동시에 얻고 있다. 특히 건축의 경우에는 단순한 녹지 공간의 도입뿐 아니라 최근 새로운 재료와 기술로 그린디자인의 활용빈도와 폭이 넓어지고 있다. 그린디자인은 생태디자인 = 자연 친화디자인 = 환경 친화디자인 = 지속가능한 디자인이다.

한편 그린디자인(green design)도 여러 정의가 있다. 디자인 측면에서 그린디자인은 환경오염 문제를 최소화하고, 자연 친화 제품을 디자인하는 활동이다. 일반적으로 그린디자인은 재활용을 위한 디자인, 재사용을 위한 디자인, 제품수명 연장을 위한 디자인, 다품종 소량생산에 의한 디자인, 분해를 위한 디자인, 소재의 순수성을 높이는 디자인 등으로 정의할 수 있다.

지난 이명박 정부가 내건 주요정책 목표 중 하나는 녹색성장이었다. 흔히 녹색성장은 그린디자인과 마찬가지로 이질적인 두 단어, 즉 환경을 의미하는 그린과 개발을 상징하는 성장이 하나로 결합된 조어이다.

그린디자인(Green Design)이라고 하면, 우리는 흔히 제품디자인 분야에서 재활용 소재로 만든 제품이나 자연소재를 활용한 제품을 떠올린다.

그러나 넓은 의미에서 그린디자인은 친환경적이면서도 지속가능한 디자인(Environmentally Sound and Sustainable Design: ESSD)을 의미한다. 이 지속가능성, 즉 그린은 3R 혹은 5R 등으로 대표되는데 Reduce(절약), Recycling(재활용), Reuse(재사용), Renewable Energy(재생에너지), 그리고 Revitalization(재생) 등을 말한다. 이 개념은 모든 생명체의 활동 무대가 되는 자연환경을 보호하고, 이에 대한 사회적 책임을 강조하는 디자인 관점으로 환경 친화에 있어 행동적, 기능적인 면이 강조되었다.

자연환경과 인간의 유기적 공생관계를 인식하여 생태계의 조화로운 순환과 작용을 방해하는 유해 부산물들의 생산이나 환경자원의 과도한 소비를 억제하자는 의도가 바탕이 되어 나온 개념이다. 이것은 단순한 재활용을 넘어서 오랜 기간 사용하고, 최소한의 쓰레기로 버려질 수 있도록 효용성을 최대화하는 기술적인 발전까지도 포함하는 개념이다. 한편 산업디자인에서는 재활용 제품이나 자연소재의 제품, 대안 에너지를 활용한 제품 등을 그린디자인의 범주에 포함시키고 있다.

그럼 지금부터 간단하게 산업디자인에서 시작된 그린디자인의 개념이 도시디자인 분야, 즉 도시(교통), 건축, 조경 분야에서는 어떻게 확장되어 사용되고 있는지 살펴보자.

2. 도시와 교통: 생태도시와 탄소 제로 도시

1) 생태도시

도시문명의 발달로 자연환경이 파괴되면서 자연과 인간이 조화를 이룰 수 있는 환경이 중요한 과제로 떠오르고 있다. 이러한 상황에서 도시환경문제의 해결을 위한 여러 가지 대안과 정책들이 제시되었고 그 중에서 '생태도시' 개념과 관련된 논의들이 주된 관심을 끌었다. 외국에서는 생태도시라는 용어를 굳이 쓰지 않았지만 그와 유사한 개

념들이 과거 도시계획이나 공동체 운동 분야에서 여러 차례 제기되어
왔다. 생태도시는 1992년 리우회의(환경과 개발에 관한 리우회의) 이후, 전
세계적으로 개발과 환경보전을 조화시키기 위해 '환경적으로 건전하고
지속가능한개발(Environmentally Sound and Sustainable Development:
ESSD)'이라는 전제 아래, 도시지역의 환경문제를 해결하고 환경보전과
개발을 조화시키기 위한 방안의 하나로서 도시개발·도시계획·환경
계획 분야에서 새로이 대두된 개념이다.

서구 학계에서는 오랫동안 논의되어 왔거나 도시계획분야에서 적용되
었던 생태도시 유사개념들에는 전원도시(Garden City), 자족도시
(Self-sufficient City), 자립도시(Self-reliant Cites), 녹색도시(Green City),
그리고 독일의 외코폴리스(Ökopolis) 등이 있다. 또한 가까운 일본에서
도 80년대 이후에 유사한 논의 및 실행이 있었는데 여기에서 자주 사
용된 개념은 에코시티, 에코폴리스, 어메니티 도시, 그리고 환경보전
형 시범도시와 환경보전형 도시 등이 있다. 이와 같은 다양한 개념으
로 설명되는 생태도시를 정확하게 이해하기 위해서는 보다 구체적인
논의가 필요하다.

먼저 생태학이란 무엇인지에 관한 정리가 필요하다.

생태학이란 원래 유기체와 그 주변의 생존과 밀접한 관계가 있는 모
든 조건과의 상호관계를 연구하는 학문으로 그 연구대상은 어느 한
단위 지역 내에서 함께 살고 있는 모든 생물체의 상호영향관계이다.
이와 같은 측면에서 보면 생태도시는 "도시를 하나의 유기체로 보고
도시의 다양한 활동이나 구조를 자연의 생태계가 지니고 있는 다양
성, 자립성, 순환성, 그리고 안전성에 가깝도록 계획하고 설계하여 인
간과 환경이 공존하는 도시"라고 할 수 있다. 다시 말해서 생태도시
란 인간과 자연환경이 조화를 이루면서 자원을 활용하고 순환적으로
이용함은 물론 녹지를 조성하는 것 등을 중요하게 다루고 있다. 생태
도시계획의 관점에서 본 도시의 구조와 기능에 관한 지금까지의 논의
를 간단히 설명하면 다음 (그림 2-5)와 같다.[9]

기존의 도시체계는 도시 활동 및 유지에 필요한 자원과 에너지를 도

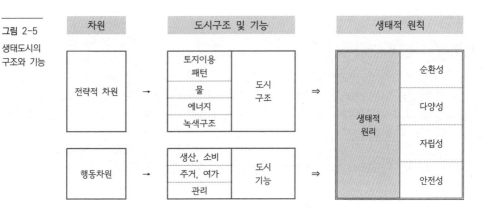

그림 2-5
생태도시의
구조와 기능

시의 외부환경으로부터 유입하여 사용하고 그 결과로 발생하는 폐기물을 다시 도시 외부로 배출하는 일방적 소비체계로 이루어졌다. 그러나 이러한 도시 활동은 대기오염, 수질오염 등 엔트로피의 증가와 교통, 주택, 상하수도, 오물처리, 거주 공간 확보를 위한 녹지공간의 부족 등의 문제를 초래하였다. 이로 인해 환경오염과 함께 도시생태계의 균형과 다양성을 파괴하는 결과를 가져왔다. 결국 생태도시는 이와 같은 도시생태계의 균형과 다양성이 파괴되지 않으면서 자연생태계가 가지고 있는 다양성, 자립성, 안전성, 순환성 등을 특징으로 하는 환경공생형 도시라 할 수 있다.

생태도시를 조성함에 있어서 생태도시계획과 기존도시계획과의 차이점을 분명하게 짚고 넘어가는 것은 기존 도시계획에 지속가능한 개발 개념을 포함시켜 해당도시를 생태도시로 조성하기 위하여 해야 할 첫 번째 단계라고 할 수 있다(표 2-1).[10]

9 사단법인 한국환경정책학회, 환경정책론, 서울: 신광문화사, 1999.
10 사단법인 한국환경정책학회, 환경정책론, 서울: 신광문화사, 1999.

표 2-1 종래의 개발과정과 생태적 개발과정의 비교

	종래의 개발과정(이득지향형)	생태적 개발과정(커뮤니티 지향적)
목표	단순히 이익의 최대화 추구	커뮤니티 욕구와 열망의 충족
수단	토지투기 및 이익을 위한 커뮤니티 개발	토지 관리와 커뮤니티에 관한 위임
재정자원	어디에선가 −주로 은행으로부터 −돈의 차용	윤리적 투자− 자원을 커뮤니티에 돌려줌
물질자원	무엇이든 "편리한 것"− 시장지향적, 편의주의적, 자본집약적	신중하게 선정된 것 − 건강하고 환경 친화적이며, 노동집약적
정치	배타적, 편의주의적, 자기중심적	포괄적, 윤리적, 개방과정, 생태중심적
	경제활동의 연료로 자연과 사람을 취급함	커뮤니티와 생태에 서비스하는 관점에서 경제를 봄

외국에서는 상당히 오래전부터 환경친화적 도시의 모습에 대한 고민이 있어 왔지만 우리나라에서는 1990년대 들어서 그 논의가 시작되었다.

우리나라에서 사용되는 '생태도시'라는 용어는 일본 환경청에서 에코폴리스(Eco-polis)라고 사용했던 용어를 그대로 번역하여 사용하였다. 우리나라의 생태도시와 관련된 논의와 사례를 보면 제3차 국토종합개발계획에서 건설부에서 환경보전도시(Ecopolis) 건설을 사업내용으로 처음 도입하였고, 뒤이어 환경부도 1991년 11월 용인군과 포항시를 환경보전시범사업 지역으로 확정하여 환경관리공단에서 환경보전시범도시 조성계획을 작성하였다. 이어서 1992년의 신경제 5개년 계획은 '한국형 ESSD모형개발을 위한 시범사업지역 확대'라는 내용으로 생태도시의 개념을 반영하였다. 그리고 1994년 4월에 환경부는 오산시와 원주시를 추가로 선정하여 시범지역을 조성한다는 계획을 내놓았다(표 2-2).[11] 대전시에서 1996년도에 생태도시계획을 수립하고 첫 실천사례로 1998년 중구 관내 유등천 1.2km 구간을 생태하천으로 복원했다.[12]

11 한국도시연구소, 생태도시론, 서울: 박영사, 1998
12 http://doopedia.co.kr/mv.do?id=101013000865386

표 2-2 우리나라 환경보전시범도시의 사업내용 및 계획

도시	·사람과 물자의 이동을 배려한 도시구조와 토지이용기술 ·자연의 기능을 배려한 토지이용기술 ·녹화의 추진을 배려한 토지이용기술 ·생태적 이동통로의 네트워크 조성기술
포항	·대기질 개선사업 ·수질관리개선사업 ·폐기물관리시범사업 ·도시림관리시범사업 ·소음관리시범사업 ·홍보·환경교육사업 ·시범사업장운영사업 ·주민참여유도
용인	·경안천수질개선사업 ·축산폐수종합관리사업 ·폐기물관리시범사업 ·시범기술도입사업 ·시범사업장운용사업 ·환경보전홍보/교육사업 ·유기농업단지조성사업
오산	·대기오염도측정소/홍보전광판설치 ·오산천가꾸기 ·오염물질 자동감시측정망 설치운영 ·분뇨처리시설개선사업 ·하수도(분류식)설치 ·오염하천정화사업
원주	·원주권광역위생매립지 조성 ·하수종말처리장건설사업 ·재활용촉진사업 ·축산폐수처리시설사업 ·환경기초선진시설견학

표 2-3 환경부 「환경비전21」의 생태도시 관련부문

생태도시(Ecopolis) 모형의 개발과 보급
■ 지역특성에 맞는 생태도시 모형의 개발 - 도시의 다양한 활동이나 구조를 자연생태계가 가지고 있는 다양성, 자립성, 안정성 그리고 순환성에 가깝도록 한국형 생태도시의 모형을 개발함. 　(대도시에는 질 높은 자연환경을 재생시킨 지속가능한 도시의 구현이, 신도시지역에서는 환경부하가 적고 자연과 공생하는 도시의 출현이 필요함) - 생태도시 조성사업의 추진 - 생태도시 작성지침을 수립하고 도시계획 관련법규를 보완하여 생태도시계획 개념을 적극적으로 도입하며, 신도시는 환경오염이 없고 생태적으로 잘 보전된 생태도시를 개발하고 기존도시는 지역특성을 감안하여 단계적으로 생태도시로 전환함. ■ 선정된 도시에 대한 다각적인 재정지원 방안을 강구함. 　(외국의 주요생태도시로는 에르랑겐(독일), 데이비스(미국), 고베(일본) 등이 있음)

자료: 한국도시연구소(1998), 생태도시론, 서울: 박영사

또한 1995년 말 환경부는 '환경비전 21'을 발표하여 종합적 환경행정을 펼치려는 시도를 하였다. 그 정책 내용 중에는 생태도시 건설을 10개 시범지역으로 확대 실시 한다는 내용을 포함하는 녹지조성계획도 포함하고 있다(표 2-3).[13]

13 한국도시연구소, 생태도시론, 서울: 박영사, 1998.

국내외에서는 생태도시와 관련된 개념으로 친환경적 도시, 환경보전형 도시, 녹색도시, 지속가능한 도시 등이 사용되었다. 이 용어들의 의미는 그 차이가 불분명하지만 생태도시는 다른 개념에 비해 도시를 하나의 생태계로 파악하여 도시에서의 다양한 활동이 지속가능하게 발전할 수 있도록 모색하여 인간과 자연이 공존하는 도시를 의미한다.

2) 탄소 제로 도시

21세기 지구환경위기의 키워드인 '기후변화'는 농촌보다는 사람과 경제가 집중된 도시에 큰 영향을 미친다. 세계는 이러한 기후변화에 대응하여 단순히 지구환경문제 해결을 위해 도시문제를 다루던 차원을 넘어서 도시경제, 토지이용, 환경, 교통 등 도시 전반에 대한 계획·개발과 관리를 통해 새로운 탄소시대에 맞는 도시를 만들자는 저탄소 녹색도시의 패러다임으로 바뀌어가고 있다. 저탄소 녹색도시란 지구온난화 등 기후변화의 주요원인인 이산화탄소의 배출을 줄이고, 지속가능한 도시기능을 확충하면서 도시와 자연이 공생하는 도시를 말한다. 이는 의식주 전반을 바꾸는 생활혁명이자 문화혁명 즉, 도시의 모든 구조를 저탄소형 시스템으로 개편하여 경제성장을 도모하는 '환경과 경제가 상생'하면서 환경보전과 기후변화에 대응하는 도시를 말한다. 이러한 측면에서 도시는 기후변화에 대응하기 위해서 이산화탄소 감축이라는 매우 중요한 역할을 담당해야 한다.

한국환경정책평가연구원의 연구에 따르면 우리나라의 경우 2001년부터 2010년 사이에 기후변화로 초래된 자연재해의 65%가 도시지역에서 발생했다[14]고 한다. 기후변화의 부정적인 영향으로는 기습폭우와 도시홍수, 가뭄 그리고 생태계파괴 등이 있다. 도시는 밀집된 공간에서 비순환적인 방법으로 에너지와 물질을 사용하고, 그 결과 엔트로피가 도시 내에 그대로 버려지는 시스템을 가지고 있는 기후변화의 원인 제공자이자 피해 당사자이다. 도시의 인공열과 대기오염의 발생

---

14 한국환경정책평가연구원, 기후변화 적응형 도시 리뉴얼 전략 수립, 2011.

과 축적으로 인해 발생하는 것이 바로 도시열섬현상이다. 열섬현상은 도시의 온도상승으로 이어지며 도시의 대기를 오염시킨다. 이는 여름철 도시 내의 냉방기 사용을 증가시키는 악순환으로 이어진다. 그래서 모든 도시에서는 기후변화에 대한 적극적인 대응을 통해서 도시가 기후변화로 인한 영향으로부터 자연과 사람을 보호하고 경제를 지속가능하게 유지하는 역할을 수행하는 지속가능한 생태도시를 조성해야 한다. 즉 자연시스템과 인공시스템의 균형을 이루도록 노력해야 하는데, 이는 기후변화를 일으키는 주요물질인 이산화탄소의 사용을 줄이고 이산화탄소의 흡수 능력을 높여서 기후변화의 정도를 '완화(mitigation)'시켜야 가능하다. 그리고 다른 한편으로는 이미 시작된 기후변화에 슬기롭게 '적응(adaptation)'할 수 있는 도시를 만들어야 한다. 이를 위해 무엇보다 기후변화에 대응한 도시공간을 구축할 필요가 있다.

탄소 제로 도시는 이러한 기후변화의 <완화와 적응>을 동시에 고려해야 하는 통합적인 21세기 기후변화 대응 도시계획이다. 따라서 탄소 제로 도시는 토지의 공공성을 최대한 살리고 이를 도시생태계와 조화를 이루는 방향으로 토지 이용계획을 수립하고, 토지자원의 절약을 극대화해야 할 것이다. 교통에서도 지하철이나 대중 교통시스템을 확대하고 자전거 등을 위한 에너지 절약형 교통시설도 적극 도입해야 한다. 또한 공원과 오픈스페이스 등 적정 규모의 녹지 공간을 확보하여 관리하는 것은 도시환경의 쾌적성 유지와 도시 생태계 보존을 위해 필수적이다. 구체적으로 보면 도시내부에서 기존의 녹지나 공원을 연계하는 녹지망을 조성하고, 도심지의 자투리땅을 녹지공간으로 개발해야 한다. 동시에 고밀도로 개발되는 도심지에서는 시민들이 쉽게 녹지공간에 다가갈 수 있도록 고층건물의 옥상이나 테라스를 녹화하는 것도 필요하다. 뿐만 아니라 미래세대를 위해 녹지의 감소 방지를 위하여 주택지 개발과정에서 일정규모 이상의 녹지 조성을 의무화하고 바람길 같은 친환경 '탄소 제로 도시'로 나가기 위한 정책방안들이 적극 검토되어야 할 것이다. '탄소 제로 도시'란 지구온난화의 주범으로 지목되는 이산화탄소 배출량이 '0'인 도시를 말한다.
21세기 기후변화에 적극 대응하고 있는 탄소제로도시의 예를 들면
다음과 같다.

3) 탄소 제로 도시의 예[15]

먼저 캐나다 서부 빅토리아 항의 옛 공업단지 부지(면적 12만㎡)에 자
리 잡은 '**독사이드 그린**(Dockside Green)'을 살펴보자. 야생오리들이 헤
엄치던 연못 주위로 자연 상태를 그대로 살린 산책로가 생긴다. 건물
외벽에는 태양빛을 한껏 받아들이도록 설계된 넓은 창으로 인해 에너
지 효율은 일반 건물보다 50% 이상 향상됐다(그림 2-6).

그림 2-6
캐나다의 탄소제로
주택단지
독사이드 그린

한 시간에 최대 1.1톤의 목재 찌꺼기를 태우는 '바이오매스(biomass)'
발전소로 난방을 해결해, 도시 에너지 수요의 75%를 감당한다. 탄소
배출권을 구입해 나머지 에너지 수요 25%를 상쇄(offset)하면, 도시
전체의 탄소 배출량은 '0(zero)'이 된다. 캐나다 서부 빅토리아 항(港)
의 옛 공업단지 부지(면적 12만㎡)에 자리 잡은 '탄소 제로(carbon zero)
도시' 독사이드 그린(Dockside Green)의 주거단지 설계를 맡은 건축가
로버트 드루(Drew)는 신재생에너지 전문지 '리뉴어블 에너지 월드' 인

---

15 http://news.chosun.com/site/data/html_dir/2009/09/22/2009092200059.html
    2017년 2월 20일 검색.

터뷰에서 "주거지 한복판에 자연을 복원해내면서도 생활의 질은 끌어올린 미래 커뮤니티 개발 모델"이라고 말했다.

독사이드그린의 주택들은 에너지 효율이 일반 건물보다 50% 이상 높고, 집에서 사용한 오폐수는 내버리지 않고 모아서 정화한 후 조경수와 화장실의 중수로 사용한다. 에너지효율이 높은 건물을 짓고, 에너지를 직접 생산하고, 폐수를 재활용하는 독사이드 그린은 궁극적으로 도시 전체의 탄소배출양 '0(zero)'를 목표로 계획된 '탄소 제로 도시'이다. 독사이드 그린은 미국 녹색건물인증제도(Leadership in Energy and Environmental Design: LEED) 친환경인증에서 세계에서 가장 높은 63점(70점 기준)을 획득한 플래티늄 등급의 주거단지다. 빅토리아시는 민간 개발업자에게 저렴한 가격으로 토지를 넘겨주는 대신, LEED 플래티넘 기준을 준수하지 못했을 경우에 많은 벌금을 물어 재정적 손실을 감수하도록 했다.

2008년 말 처음으로 입주한 타운하우스인 시너지에서 바다가 조망되는 세대의 경우 실내면적 85㎡의 주택가격이 65만 달러(한화 6억 5,000만원)수준이다. 그럼에도 불구하고 95세대가 모두 분양 완료됐다고 한다. 2단계 분양한 171세대 역시 2채만 남고 모두 팔린 상태다. 독사이드 그린 분양 관계자는 "신기술은 초기투자비용이 많이 드는 게 사실이지만, 궁극적으로 살아가면서 주민들의 에너지부담을 덜어준다는 점에 높은 점수를 얻었다"면서 "5년 정도만 살면 친환경요소로 인해 추가된 초기구입비용을 회수할 수 있다."고 한다.[16]

다음의 탄소 제로 도시의 대표 선수는 아랍에미리트연합(UAE) 아부다비의 '마스다르 시아부티'이다. 마스다르 시티는 2030년 완공을 목표로 건설되고 있는 아랍에미리트 아부다비에 위치한 세계 최초, 최대 규모의 친환경 계획도시다. 아랍에미리트는 석유 이후의 시대를 대비하기 위한 목적으로 탄소, 쓰레기, 자동차가 없는 도시 건설 프로젝트로 마스다르 시티를 선보였다. 태양에너지가 풍부한 사막의 특성을

16 https://www.guro.go.kr/env/envinfo/greenlife/greenlife04.jsp 2017년 3월 6일 검색.

극대화하여 탄소 배출을 최소화하겠다는 것이다.

'마스다르'는 아랍어로 '자원'이라는 뜻으로 매장량 기준 세계 4위의 석유 부국(富國)인 아랍에미리트 수도 아부다비가 '석유 이후 시대'의 주도권을 잡겠다며 추진하는 220억 달러짜리 프로젝트다. 마스다르에 는 탄소 배출과 쓰레기, 화석연료, 자동차가 없다. 전통 아랍 양식의 성곽으로 주변을 감싸고, 도시 계획도 건물을 좁은 골목 주변에 밀집 시키는 아랍 양식을 적용해 에너지 효율을 최대한 높였다.

마스다르 시티는 도시 내에서 필요한 에너지를 조달하기 위해 태양 열을 중점으로 태양광, 지열, 풍력 등 다양한 신재생에너지를 자체적 으로 생산하여 태양광(52%)과 태양열(26%) 등 100% 신재생에너지만 을 쓴다. 그뿐만 아니라 화석 연료에 의존하는 모든 교통수단을 배제 한다. 재생에너지와 전기만을 이용하는 새로운 교통 시스템을 통해 교통수단에서 나오는 탄소 배출량을 제로로 만들 계획이다. 또한, 자 연냉난방을 적극 활용하고 폐기물을 퇴비화하는 등 실질적인 친환경 도시를 구축하기 위한 다양한 정책을 도입하고 있다(그림 2-7).**17**

그림 2-7
마스다르 시아부티의
태양광 플랜트

'**동탄**(東灘) **신도시**' 프로젝트는 세계 1위 탄소 배출국인 중국이 환경 오염국 이미지를 벗어 보려는 야심찬 시도다. 중국의 동탄(東灘) 프로

---

17 http://srwire.co.kr/archives/18282 2017년 3월 6일 검색.

젝트는 오는 2050년까지 상하이 인근 총밍섬에 인구 50만 명을 수용
하는 탄소제로 도시를 건설한다는 장기 프로젝트다. 상하이 시는 전
체 부지 86㎢의 이 신도시 중 40%는 도시로 개발하고, 나머지는 농
업 및 에너지 생산기지로 활용하거나 습지 상태로 유지할 계획인데,
옥상 녹화, 바이오매스 등 다양한 환경·에너지 기술들이 적용되고 있
는 가운데, 이산화탄소 배출이 크게 줄어들 것으로 예상되고 있다. 관
심을 끄는 대목은 에너지 절감을 위한 매우 강력한 조치다. 건물 부
문에 있어 모든 건물을 8층 이하고 건설하고, 단열·방음·수자원 재
활용을 위해 지붕은 모두 잔디와 녹색식물로 녹화토록 하는 방안을
채용하고 있다. 또한 태양광 패널을 설치해 소비 에너지의 약 20%를
공급할 계획이다.

덴마크는 지난 2007년 세계 최초의 수소 도시인 'H2PIA(에이치투피아)'
건설을 시작했다. H2PIA는 '수소'를 뜻하는 H2와 '이상향'을 뜻하는
utopia(유토피아)를 합친 말이다. 건물 유지에 필요한 에너지는 물론 자
동차 연료도 수소로 공급받는다. H2PIA 중심부에는 태양에너지와 풍
력을 이용해 수소를 생산하는 연료전지 센터가 있고, 이 센터에서 자
동차의 수소연료전지를 충전할 수 있다. 수소는 태양열이나 풍력으로
물을 전기분해해 얻는다.

탄소 제로 도시의 가장 모범도시는 '독일 프라이부르크'다. 신도시로
개발되는 다른 탄소 제로 도시들에 비해, 프라이부르크는 20년 넘게
차근차근 '탄소 제로' 목표를 향해 달려오며 '독일의 환경 수도'라는
명성을 쌓았다. 1974년 원자력발전소 반대운동을 시작으로, 시내 축
구장에 태양광 발전 시설을 지으면서 시민 주주를 공모해 연간 입장
권을 주는 등 시민들의 자발적 참여를 유도한 정책이 효과를 거뒀다.
프라이부르크의 재생에너지 연구 분야 중 가장 으뜸은 역시나 태양에
너지다. 이 도시는 연중 1,800 일조시간과 1평방미터당 1.117Kw의
일조량으로 독일 중 가장 햇볕이 많은 지역 중 한 곳이다. 유럽에서
가장 중요한 국제태양에너지 전시회(인터솔라)가 이 도시에서 매년 개
최된다. 또 바데노바 축구경기장은 세계 최초 에너지자립형 스타디움

으로 유명하다.

이외에도 솔라하우스, 신 주택단지 보봉지구가 자리를 잡고 있을 뿐만 아니라 시청이나 학교, 빌딩, 개인건물의 외벽에 설치된 태양광 시설은 어느 특정지역이 아닌 프라이부르크시 전체에 분포하고 있어 어디서나 쉽게 만나볼 수 있다.

프라이부르크 교통정책의 최우선적인 목표는 교통량 발생을 미연에 방지하는 것으로서 친환경적인 이동수단인 도보, 자전거, 대중교통을 장려하는 정책을 펼치고 있다. 실제로 도심 내 구조는 차량이 진입하기 어렵도록 되어있으며 도보나 자전거, 트램을 이용하는 것이 훨씬 빠르고 편리하다. 도시 곳곳에는 자전거 도로망이 촘촘히 연계되어 있고 중앙역 옆에는 약 1천대의 자전거를 보관할 수 있는 자전거 보관소 '모빌레'가 자전거 이용자들의 편의성을 높여준다. 이에 따라 프라이부르크는 주민들이 출퇴근이나 등교 시 주로 자전거를 이용하는 자전거 분담률 15%의 자전거 도시로 불리고 있다.

프라이부르크는 큰 강을 끼고 있지는 않지만 곳곳에 많은 호수들이 있으며, 이는 수력발전을 가능케 함과 동시에 시민들의 쉼터역할을 하는 중요한 요소로 자리 잡았다. 또한 슈바르츠발트에서 발원한 드라이잠 강의 물을 이용해서 만든 작은 인공수로인 '베히레'는 시내를 관통해서 다시 드라이잠 강으로 흘러들어가는 이곳만의 특별한 볼거리다. 중세시대부터 오물을 배출하는 하수도와 화재 시 불을 끄기 위한 역할을 하던 이 수로는 지금 도시의 기온을 낮추고 습도를 조절하며, 환경정화의 역할을 훌륭하게 해내고 있다. 여름이면 아이들이 뛰어 놀 만큼 깨끗한 물을 자랑한다(그림 2-8).[18]

지속가능한 도시는 토지의 공공성을 최대한 살리고 이를 도시생태계와 조화를 이루는 방향으로 토지 이용계획을 수립하고, 토지자원의 절약을 극대화해야 할 것이다. 교통에서도 지하철이나 대중 교통시스템을 확대하고 자전거 등을 위한 에너지 절약형 교통시설도 적극 도

---

18 http://korealand.tistory.com/1835 2017년 3월 6일 검색.

그림 2-8
프라이부르크의 물길
베히레에서
놀고 있는 아이[19]

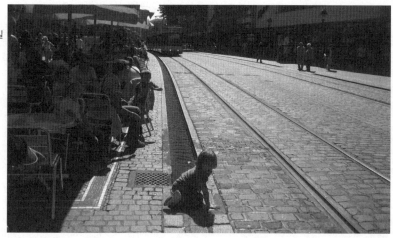

입해야 한다. 또한 공원과 오픈스페이스 등 적정 규모의 녹지 공간을 확보하고 관리하는 것은 도시환경의 쾌적성 유지와 도시 생태계 보존을 위해 필수적이다. 구체적으로 보면 도시내부에서 기존의 녹지나 공원을 연계하는 녹지망을 조성하고, 도심지의 자투리땅을 녹지공간으로 개발해야 한다. 동시에 고밀도로 개발되는 도심지에서는 시민들이 쉽게 녹지공간에 다가갈 수 있도록 고층건물의 옥상이나 테라스를 녹화하는 것도 필요하다. 뿐만 아니라 미래세대를 위한 녹지의 감소를 방지하기 위하여 주택지 개발과정에서 일정규모 이상의 녹지 조성을 의무화하고 바람길 같은 친환경 '탄소 제로 도시'로 나아가기 위한 정책방안들이 적극 검토되어야 할 것이다. '탄소 제로 도시'란 지구온난화의 주범으로 지목되는 이산화탄소 배출량이 '0'인 도시를 말한다. 지속가능한 디자인이 지향하는 도시가 바로 탄소 배출량 '0'인 지속가능한 생태도시다.

---

19 http://blog.naver.com/PostView.nhn?blogId=leepagong&logNo=220031462395
    2017년 3월 7일 검색.

4) 탄소 제로 도시의 이해를 위한 용어해설[20]

① **기후변화:** 자연적인 요인과 인위적인 요인에 의해 기후계가 점차 변화하는 것을 의미하며, 어떤 장소에서 매년 평균적으로 되풀이되고 있는 대표할 만한 대기 상태인 기후가, 태양 활동의 변화·화산 분출·해수면온도 등 자연적 요인뿐만 아니라 이산화탄소 방출·삼림 파괴·산성비·프레온 가스 등 인위적인 요인에 의하여 점차 변화하는 것을 말한다. 인간 활동에 의해 발생된 온실가스, 에어로졸의 농도, 태양 복사열, 지표 등의 변화에 의해 기후시스템의 에너지 균형이 변화한다.

② **온실가스:** 지구 온난화란 지구 표면의 평균온도가 상승하는 현상을 말하며, 지구 온난화에 의한 기온 상승으로 해수면이 상승하는 등 여러 문제가 발생하고 있다. 온실가스란 지구 온난화를 일으키는 6가지 기체를 말하며, 이산화탄소(CO_2), 메탄(CH_4), 아산화질소(N_2O), 수소불화탄소(HFCS), 과불화탄소(PFCS), 육불화황(SF_6) 등을 말한다. 이 가운데 이산화탄소가 절반 이상을 차지한다. 1985년 세계기상기구(WMO)와 국제연합환경계획(UNEP)은 이산화탄소가 온난화의 주범이라고 공식으로 선언하였다.

③ **녹색성장:** 녹색성장은 「기후변화 방지를 위해(to prevent climate change) → 녹색성장(green growth) → 저탄소사회(low carbon society)」의 과정으로 이해하면 된다. 여기서 '저탄소'란 화석연료에 대한 의존도를 낮추고 청정에너지의 사용 및 보급을 확대하며 녹색기술 적용, 탄소 흡수원 확충 등을 통하여 온실가스를 적정수준 이하로 줄이는

---

20 http://www.khugnews.co.kr/wp/?p=2210 "기후변화에 대응한 도시공간 구축" 2017
    년 2월 28일 검색.
    http://terms.naver.com/entry.nhn?docId=3473961&cid=58439&categoryId=58439
    2017년 3월 7일 검색.

것을 말한다. 저탄소 녹색성장이란 온실가스의 배출을 줄이기 위해 각종 청정에너지 산업의 발전을 통해 새로운 일자리를 창출해 가는 성장방식이라 할 수 있다.

④ 탄소배출권거래제(Carbon Emission Trading): 온실가스 감축 의무가 있는 사업장(국가)에 배출 허용량을 부여하고 이 한도를 밑도는 온실가스를 배출할 경우 차이만큼 탄소배출권을 팔 수 있다. 반대로 한도를 초과해서 온실가스를 배출하는 사업장(국가)은 탄소배출권을 사와서 초과분을 상쇄해야 하기 때문에 이들 간에 거래가 이뤄진다.

3. 건축: 생태건축

"우리가 건물을 만들지만, 다시 그 건물이 우리를 만든다(We shape our buildings, thereafter they shape us)." 이 문장은, 원래 윈스턴 처칠이 1943년 10월, 폭격으로 폐허가 된 영국 의회의사당을 다시 지을 것을 약속하며 행한 연설의 한 부분이었는데, 1960년 미국 시사주간지 타임지가 이 문장을 인용하면서 다시 세상 사람들에게 회자되었다. 건물과 우리 삶의 관계를 이보다 더 명확하게 표현한 말이 있을까 싶을 만큼 사람들의 꿈이나 욕망은 건물에 고스란히 녹아있다. 유럽인의 경우 인생의 90%를 건물 안에서 보낸다는데 한국인도 아마 비슷하리라 생각된다.

한편 광주시청사의 에너지 사용량과 관련된 지난 2010년 기사 내용을 살펴보면,

① 행안부와 지경부가 발표한 '자치단체 청사 에너지 사용실태 현황'에 따르면 광주시청의 에너지 사용량은 전국 지자체 가운데 최상위권에 속한다(그림 2-9).
② 광주시청의 2008년 에너지 사용량은 연료 398toe(석유환산 t)와 전력 1,463toe 등 1,861toe로 전국 246개 지자체 청사(광역 16개, 기초단체 230개) 중 10위였다.

③ 광주시청 내 상주하는 공무원(1,659명) 1인당 에너지 사용량은 11,122kgoe(석
   유환산 kg)로 16개 광역단체 중 5위였다.

④ 이로 인한 2008년 광주시청사의 에너지 사용금액은 총 7억 4,300여 만원, 공
   무원 1인당 에너지 사용금액은 44만 7,877원 꼴이다.

⑤ 호화청사라는 빈축을 샀던 용인시청이 3,843toe의 에너지를 사용해 전국 지
   자체 중 1위를, 전북도청은 공무원 1인당 에너지 사용량이 1,968kgoe로 가장
   높았다고 한다. 이 기사는 지금까지 건축가 혹은 건축주 그리고 건물사용자
   들의 건축 환경과 에너지에 대한 그들의 태도를 잘 보여주는 사례라고 하겠
   다. 전 세계 어디서나 통용되던 값싸고 풍부한 화석 에너지로 냉·난방을 해
   도 문제가 없었던 통유리로 건물의 전면을 장식하던 국제주의 형식의 타워빌
   딩들은 이제 그 전성기가 지나갔다.

그림 2-9
에너지 낭비가 심한
건물 전면을 유리로
장식한 타워빌딩

주지하다시피 이러한 건축물이 전 세계 에너지 사용량의 절반을 차지
하기 때문에 우리에게 미래 세대의 요구를 수용하면서 우리 세대의
욕구를 충족시키는 건축물은 매우 중요하다. 이러한 요구와 욕구를
디자인에 잘 반영한 건축을 우리는 생태건축이라고 부른다. 생태건축
은 지속가능한 건축, 자연친화적 건축, 그린빌딩, 에너지절약형 건축,
자원절약형 건축, 환경오염최소화 건축, 지역특성화 건축 등으로 다
양하게 불린다. 생태건축은 건축의 구조와 기능이 생태적으로 조화를
이루고, 에너지, 자원 재순환의 극대화를 위한 환경 친화적인 건축으

로 기존의 건축이 안고 있는 생태계 파괴문제를 해결하기 위해 새롭게 대두된 건축의 한 형태이다. 필자가 생각하는 그린디자인의 건축적 해석은 생태건축이라고 생각한다.

건축의 환경과 에너지에 대한 달라진 모습을 송도국제도시에 들어서는 고층형 제로에너지빌딩 조성에 관한 다음의 기사가 잘 보여 준다 (그림 2-10).[21]

그림 2-10
송도 포스코
그린빌딩 조감도

① 인천시를 비롯해 국토교통부와 현대건설이 송도국제도시에 들어서는 고층형 제로에너지빌딩 조성을 위해 업무협력 협약(MOU)를 체결했다.

② 이번 협약은 제로에너지빌딩 설계검토·컨설팅 등 기술지원과 건축물 에너지 성능 향상, 시범사업 인센티브 지원, 제로에너지빌딩 관련 기술개발 등의 분야에 적극 협력하는 것을 골자로 하고 있다.

③ 제로에너지빌딩은 송도 6·8공구 내 연면적 15만 7,220㎡에 지하 2층, 지상 34층 규모의 건물 10개 동, 886세대 건물이다.

④ 국내 아파트로는 최초로 에너지효율등급 1++등급을 만족할 수 있도록 고단열·고기밀 창호·건물외피·단지용 건물에너지관리 시스템·신재생에너지 등이 도입된다."고 했다.

---

21 http://www.mediaic.co.kr/news/articleView.html?idxno=15795 2017년 2월 18일 검색.

관계자들은 "녹색기후기금 사무국이 있는 송도에 제로에너지빌딩 시범사업을 유치한 것은 의미가 있는 일"이며 "이번 사업이 국내 저탄소 친환경 건축기술의 GCF 개발도상국 지원 기후대응 모델사업 지정으로 이어지도록 노력하겠다"고 말했으며 이 시범사업은 "고층형 제로에너지빌딩 시범사업의 본격 추진"을 위한 기틀을 다지는 사업이라고 전했다.

우리나라에서는 2010년부터 한국생태건축학회를 중심으로 생태환경건축의 이념을 정립하여 생태환경건축을 보급하기 위한 실천적 방안을 모색하고 있다. 그리고 생태환경건축분야의 전문기술을 교류할 수 있도록 학계 및 산업계와의 긴밀한 산·학·연·관 협동 체계를 구축하며, 학문과 기술의 연구개발 및 지원을 통한 각종 기술 자료를 체계화시키기 위하여 활발한 학술활동을 전개하고 있다. 아울러 국제 학술 단체와 네트워크를 구축하여 국제교류를 촉진하고, 제반 정책개발을 통해 생태건축을 통한 지구 환경 문제해결에 적극 기여하고 있다.[22]

한편 독일을 중심으로 유럽에 널리 전파되고 있는 생태건축은 자연환경의 중요성에 대한 생태학적 인식에 기인하는 것으로 이 명칭은 1979년 크루쉐(Per Krusche, Dirk Althaus, Mary Weig-Krusche) 등의 연구진들이 독일 환경부에 제출할 연구보고서의 제목[23]을 결정하는 자리에서 공식적으로 이름이 지어졌다고 한다. 이 보고서에서는 생태건축을 '자연환경과 조화되며 자원과 에너지를 생태학적 관점에서 최대한 효율적으로 이용하여 건강한 주생활 또는 업무가 가능한 건축'으로 정의했다. 건축을 독립적으로 존재하는 시각적 대상물이 아니라 자연

22 http://www.kieae.org/modules/doc/index.php?doc=achievement&____M_ID=19
   2017년 2월 18일 검색.

23 그 보고서를 바탕으로 1981년 공동저자들이 책을 출판했다. Per Krusche, Dirk Althaus, Ingo Gabriel, Maria Weig-Kruscher, Ökologisches Bauen Taschenbuch(1982), Umweltbundesamt. 생태적 건축(포켓판, 타쉔브흐) 1982년 1월 1일, 환경부(발행인), 페르 크루쉐에(저자), 디르크 알트하우스(저자), 잉오 가브리엘(저자), 마리아 바이그-크루쉐에(저자), 콘라드 오토(함께 협력, 기고한 사람)

생태계의 일부로서 존재하는 건축이라는 의미다.

생태건축은 건축이 자연생태계의 일부가 되는 시스템이다. 이 시스템을 이용하면 건축물이 주위 환경에 주는 부하가 거의 없어 자연자원을 효과적으로 활용할 수 있다. 이를 위해 단위 건물이나 주거단지 등에서의 에너지와 자원의 순환체계는 토양, 물, 태양, 공기 등이 지닌 자연의 순환체계와 서로 통합되도록 계획된다. 이러한 순환체계는 매우 다양하게 연계되며 서로 독립적으로 이루어지는 것이 아니라 상호의존적인 관계를 지니고 있다.

생태건축도 그린디자인의 3요소인 건축의 부품을 조립·해체하여 다시 사용하고(Reuse), 재활용 가능한 자재를 사용하며(Recycle), 화석연료 사용을 자제하고 청정에너지를 사용하여(Renewable) 미래세대를 위한 지속가능하고 생태적인 삶의 공간으로 만들어야 한다. 즉 생태주기분석을 통하여 자원채취에서부터 건설, 사용, 폐기에 이르기까지 각 단계에서 건축자재의 영향을 고려하여 건축해야 한다(그림 2-11).

그림 2-11
생태건축을 위한
건축자재의
생애주기 개념[24]

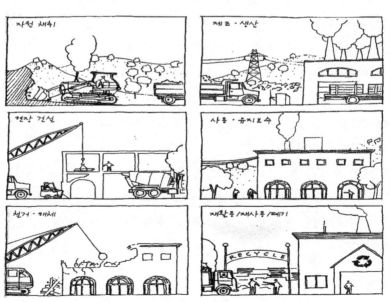

24 제이슨 맥레넌, 지속가능한 설계 철학, 정옥희 옮김 2009, 비즈 앤 비즈, p.133.

그리고 무엇보다 에너지 소비를 줄이는 생태건축은 건축물의 올바른
방위와 건축형태를 잘 고려해야 한다. 이때 건축물의 형태는 가로패
턴이나 에너지 소비량과 잠재적 에너지 생산 능력 등의 고려까지를
포함한다. 그리고 건물은 단열에 특히 신경써야 하며, 자연채광을 고
려하고, 에너지를 적게 쓰는 냉·난방시스템을 도입하여야 한다.[25]

4. 조경: 랜드스케이프 어바니즘

앞장에서 그린디자인은 3R 혹은 5R 등으로 대표되며 Reduce(절약),
Recycling(재활용), Reuse(재사용), Renewable(재생가능한), Energy(재생에
너지), Revitalization(재생) 등을 말한다고 했다. 조경분야에서 그린디자
인은 특히 재생을 강조하고 있다.
산업화시대의 근대성에 대한 반성의 한 모습으로 도시공간에 대한 해
석 혹은 해법도 예전과는 다른 모습으로 나타나고 있다. '개발'이 산
업화시대의 도시화로 대표되는 단어였다면 '재생'은 오늘날의 반성과
정을 거쳐 새롭게 탄생한 언어다. 도시 재생의 해법으로 지자체와 공
공영역에서는 '공원' 혹은 '생태'라는 단어를 제시하고 있다. 요즘의
도시민들은 전통적인 생산의 공간으로서의 도시와 함께 관광과 문화
의 공간을 요구하는데 도시의 버려진 혹은 놀고 있는 공간들이 공원
으로 재생되고 있다.[26] 이러한 유휴지를 공원으로 재생시키는데 조경
의 역할은 무시할 수가 없다.
조경분야에서도 '재생'이 키워드로 등장했다. 조경이 해석하는 그린디
자인은 랜드스케이프 어바니즘(Landscape Urbanism)이다. 이 말도 '그
린 + 디자인처럼 자연(랜드스케이프)과 도시(어바니즘)'라는 이질적인 것
들의 결합어다. 조경가 제임스 코너는 이를 서로 다른 학문적 영역의

---

25 Adam Richie & Randal Thomas, 지속 가능한 도시 디자인, 환경적 측면으로의 접근,
   이영석 옮김, 기문당, 2011, p.72.
26 강효정·최재필, 랜드스케이프 어바니즘의 주요 개념에 대한 연구, 2011년 8월, 대한건
   축학회지논문집 제27권 8호, p.225.

협력과 통합에 대한 청사진으로 해석하고 있다. 인공인 도시와 자연인 경관의 통합은 서로 이질적인 것의 통합 혹은 협력이라는 뜻이다. 다시 말하면 도시를 재생시키기 위해서는 지금까지의 도시와 건축 그리고 조경을 구분했던 영역을 다 허물어 조경도 건축도 토목도 도시계획도 아닌 새로운 분야를 만들어야 한다는 의도가 랜드스케이프 어바니즘인 것 같다. 랜드스케이프 어바니즘은 경관(landscape)을 후기 산업도시의 재생을 구상할 때 매개로 사용하자는 건축가, 도시계획가 그리고 조경가들의 1990년대 말부터의 움직임을 주도했던 주요 이론이며 도시 재생을 위한 새로운 패러다임이다.

하지만 실제로 디자인스튜디오시간의 학생들이나 도시공간의 일반시민이 인식하고 있는 조경분야의 그린디자인은 LED나 자연에너지를 활용한 조명기구와 투수기능이 향상된 바닥포장재 등[27]이다(그림 2-12).

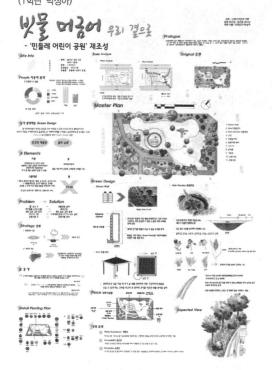

그림 2-12
그린디자인 스튜디오
시간의 학생작품
(1학년 박성아)

그나마 조경공사를 할 때 바닥포장재로 자주 쓰이는 투수블록은 세월이 흐르면 각종 먼지와 오염물로 투수기능을 상실한다. 따라서 도시공원 내에도 태양광을 이용한 조명기구의 도입이나 텃밭을 만들거나 빗물정원 등을 조성하여 공원이 외부의 에너지를 소비하는 열린 공간이 아니라, 에너지를 스스로 만들고 소비하여 엔트로피 발생을 줄이는 닫힌 생태공간의 개념을 디자인에 도입해야 한다. 그렇다면 도시공간에서 조경이 만나는 그린디자인, 즉 랜드스케이프 어바니즘은 쓰다버린 정수장과 도축장을 공원으로 변모시키

---

27 http://alog.auric.or.kr/YASU19/Post/5166f717-1963-4e03-ba22-6e421760c5c4.a
spx 2017년 2월 18일 검색.

고, 산업시대 유산인 공장이 전적지나 폐철도 등에 자연을 공급하여 공원으로 만들기도 하고 덮여있던 하천을 새롭게 생명이 흐르는 강으로 탈바꿈 시키거나 버려진 쓰레기 매립장으로 만든다. 죽어가는 도시를 치유·재생시켜 도시를 건강하고 조화롭게 만들어 도시에 살고 있는 도시민을 행복하게 만드는 것이 조경의 목표이며 새로운 디자인의 가치이다. 조경분야에서 랜드스케이프 어바니즘을 실천한 사례는 가축도살장을 공원으로 바꾼 파리의 라빌레트공원, 폐철도를 재활용한 뉴욕의 하이라인, 그리고 가동이 멈춘 정수장을 공원으로 탄생시킨 서울의 선유도공원 등이 있다(그림 2-13).

그림 2-13
1978년부터 2000년까지 정수장으로 사용되다가 2002년 공원으로 변신한 선유도공원

재생(Regeneration 혹은 Revitalization)은 랜드스케이프 어바니즘의 핵심 단어라고 생각한다. 이처럼 조경에서의 랜드스케이프 어바니즘은 완제품을 여기저기에 조성함으로써 얻어지는 것이 아니라 버려지고 황폐해진 도시환경을 재활용과 재이용이라는 그린디자인적 관점에서 최적의 해결방안을 제시하는 것이다. 즉 도시 내에서 시간 개념을 담고 자연을 품은 그린 환경을 조성하여 도시와 시민을 치유하여 인간과 자연이 서로 건강하고 조화로운 관계를 만들어 행복을 추구하게 하는 것이 새로운 조경디자인의 궁극적인 모습이다. 뉴욕의 하이라인에 투자된 5천만 달러는 죽어가던 철도변의 부동산 가치를 상승시켜 늘어난 세수로 그 투자비가 충당되었다고 한다. 조경의 새로운 디자인 개

념으로 인한 자연의 투입효과와 도시화에 미치는 자연의 긍정정인 영
향력을 보여 준 좋은 사례다(그림 2-14).

그림 2-14
도시의 흉물로
방치돼 있던
허드슨 강변의
철로가 화사한
공원으로 변신했다.

하이라인의 탄생 후 대중들은 이 공원을 보기 위해 웨스트 첼시 지역
으로 몰려들었다. 하이라인은 단순히 녹색과 휴식을 제공하던 기존의
공원이 아니라 이 공원으로 인해 도시의 구조가 바뀌었다. 도로로 향
하던 건축은 앞면은 모두 공원 쪽으로 향하였다. 김영민의 표현처럼
급기야 스탠다드호텔(Standard Hotel, NYC)은 "하이라인과 교배에 성공
해 아예 하이라인과 결합"해 버렸으며 상권의 가치가 바뀌었고 웨스
트 첼시 지역이 맨해튼의 중심이 되어버렸다(그림 2-15).[28]

그림 2-15
하이라인과 결합한
스탠다드호텔

28 김영민, 스튜디오 201, 다르게 디자인하기, 한숲, 2016, pp.272-273.

조경의 새로운 디자인 방법으로 등장한 랜드스케이프 어바니즘은 그린디자인의 방법 및 효과와 그 맥락을 같이 한다. 랜드스케이프 어바니즘은 도시를 건물과 도로 등 각종 기반시설의 단순한 집합체로 바라보는 산업사회의 경관이라는 시각에서 벗어나 조경, 생태, 건축, 도시, 문화 등의 분야를 융합하여 움직이는 경관이라는 시각에서 쇠퇴한 도시를 건강하게 재생 및 활성화시키는 디자인 방법이다.

랜드스케이프 어바니즘은 도시개발 과정에서 각종 자연자원 및 에너지의 과도한 사용에 의한 온실가스 배출, 생태계 파괴 등으로 훼손된 지역을 생태계 고유의 기능이 작동할 수 있도록 도시열섬현상, 도시 홍수 및 가뭄, 수순환문제 등 각종 도시재난에 적응할 수 있는 디자인 전략이다.[30] 도시의 환경 문제를 해결하기 위해 조경분야의 적용 가능한 디자인 전략과 방법의 예를 들면 '개발 예상 부지의 형태와 경관분석', '바람통로를 이용한 미기후 조절 및 온도 저감', '적절한 수목의 선택을 통한 시각적 효과', '생태통로 조성', '개발 예상 부지의 환경영향 검토', '자연배수 혹은 물 저장 공간 확보' 그리고 '옥상정원' 등이다(그림 2-16).[31]

그림 2-16
슈투트가르트 시에는 1989년부터 시 조례로 모든 신축건물에는 옥상녹화를 의무화하여 건물 옥상마다 잔디와 관목들을 볼 수 있다.[29]

29 http://www.dailymail.co.uk/news/article-2087094/Gardens-Eden-The-heavenly-horticulture-blossoming-roofs-high-city.html 2017년 3월 23일 검색.

30 http://www.ecola.co.kr/ 2017년 2월 16일 검색.

31 Adam Richie & Randal Thomas, 지속 가능한 도시 디자인, 환경적 측면으로의 접근, 이영석 옮김, 기문당, 2011, p.56.

지속가능한 디자인

03

지속가능한 디자인의 기초 개념인 지속가능성은 1972년 로마클럽의 보고서인 '성장의 한계'에서 처음으로 언급되었다. 이후 브룬트란트 보고서(Brundtland Report)로 알려진 환경과 개발에 관한 세계 위원회의 보고서(WCED) '우리 공동의 미래(Our Common Future)에서 지속가능한 발전 혹은 개발의 개념으로 발전 했다. 즉 지속가능한 개발이란 "미래세대의 요구를 제한하지 않는 범위 내에서 현세대의 욕구를 충족시키는 개발"을 말한다.

지속가능한 디자인은 그린디자인의 다른 말이나 조금 다르게 쓰인다. 지속가능한 디자인은 다양한 분야에서 그린디자인, 에코디자인, 생태디자인, 친환경디자인 등의 이름으로 쓰이고 있다. 생물학자 최재천 교수는 그린디자인을 "생물의 다양성을 존중하는 디자인, 혹은 주변에 살고 있는 생명체들과 생물학적 구성 요소 사이에 균형을 추구하는 디자인"[1]으로 제안했다. 생물학자들이 말하는 생태계란 생물적 구성요소와 비생물적 구성요소가 서로 유기적으로 영향을 주고받으며 전체를 이루는 공간을 말한다. 생물과 비생물의 유기적 조합이 그린디자인이다. 이는 도시공간을 다루는 건축·조경·도시 관련 디자이너들에게 많은 시사점을 준다. 최근 지구환경의 위기와 관련하여 탄생한 '지속가능한 디자인'은 자원절약과 엔트로피를 줄이기 위한 디자인이며 동시에 오늘을 살아가는 디자이너의 윤리이다. 이는 근대에 탄

---

1 최재천, 상상 오디세이, 다산북스, 2009, p. 231.

생한 '디자인'이라는 프로젝트에서는 전혀 고려되지 않았던 문제이며, 그 프로젝트로 인하여 야기된 도시와 지구의 환경문제를 우리는 눈으로 보고 몸으로 체험하고 있다. 그래서 지속가능한 디자인은 인간과 자연을 화해시켜 지속가능한 공동체를 만드는 데 그 목적이 있다.
세계는 지금 기후변화 문제 해결이라는 인류 역사상 가장 큰 도전에 직면해 있다. 디자이너들은 실제 지속가능한 미래를 실현하기 위해 제품, 서비스, 시스템을 재검토하고, 다시 생각하고 다시 만들 수 있는 유일무이한 위치에 있다. 지속가능한 성장이라는 긍정적인 발전의 선두에는 창조적인 사상가와 행동가인 디자이너가 서야한다.[2] 도시와 관련된 디자인 분야에는 세 그룹이 있다. 도시(교통), 건축 그리고 조경디자인이다.
먼저 지속가능한 도시디자인은 지금까지의 자동차 위주의 도시개발 정책에서 보행자와 자전거 이용자, 그리고 대중교통 이용자들을 위한 도시 개발정책으로 전환시켜 사람들이 살아가기에 더 지속가능하고 친환경적인 생태도시를 만드는 것[3]이 그 핵심이다. 지속가능한 도시는 토지의 공공성을 최대한 살리고 이를 도시 생태계와 조화를 이루는 방향으로 토지 이용계획을 수립하고, 토지자원의 절약을 극대화해야 한다. 교통에서도 지하철이나 트램(Tram)과 같은 대중교통시스템(그림 3-1)을 확대하고 자전거를 위한 에너지 절약형 교통시설도 적극 도입해야 한다.
슈투트가르트 市에서는 시내를 관통하는 전차의 레일 아래에도 자갈 대신 잔디를 심어 지열을 흡수시키고 있다. 현재 전체 선로 230km 중에서 40km가 잔디밭으로 조성돼 있다(그림 3-2). 시에서는 자갈이 깔린 기존의 선로를 뜯어내고 잔디를 깔려면 비용이 많이 들것으로 판단하여 현재 새로 조성되는 전차 선로에만 녹지대를 조성하고 있다

---

2 주한 영국문화원 주최 세미나, 2008년 10월 10일, "지속가능 디자인: 크리에이터의 새로운 도전과 기회에서"
3 Adam Richie & Randal Thomas, 지속 가능한 도시 디자인, 환경적 측면으로의 접근, 이영석 옮김, 기문당, 2011, p.13.

그림 3-1
아일랜드 더블린 시의
지속가능한
교통 시스템:
트램과 자전거

그림 3-2
새로 조성하는
전차 선로 아래에
잔디가 조성된
슈투트가르트 시[4]

고 한다.

지속가능한 건축디자인은 "건축 환경의 기능과 효용은 극대화하면서,
건축 환경이 자연환경에 미치는 악영향은 전혀 없거나 최소화시키는"

---

4 http://ysnews.co.kr/default/index_view_page.php?part_idx=3460&idx=53667
  2017년 2월 22일 검색.

디자인 철학이다. "심 반 데 린이 그의 저서 「생태디자인」에서 주장
한 대로, 환경의 위기는 자재의 제조, 건물의 축조, 대지의 이용 등에
서의 관행에서 빚어진 디자인의 위기라고 할 수 있다. 지속가능한 건
축 디자인은 디자인이 자연에 해를 끼치는 행위임과 동시에 그것을
치유하는 과정이라는 시각에서의 접근방법으로 그동안의 건축디자인
과 관리에 대한 해묵은 관념을 깨는 대 변혁"5이라고 할 수 있다.
그렇다면 지속가능한 조경디자인의 핵심은 무엇일까? 최근의 조경디
자인은 전통적으로 도시민에게 쉼터의 역할을 했던 도시의 공원녹지
가 전통적인 역할을 넘어서 도시의 생태적 용기 또는 통로, 즉 도시
환경문제 해결의 매개로서의 가능성을 제시하였다. 독일 슈투트가르
트 市는 도시녹지를 이용하여 산지의 신선하고 차가운 공기를 도시
안으로 끌어들여 만든 바람통로는 도시의 대기오염을 개선하고 도시
열섬으로 뜨거워진 도시를 시원하게 해주는 역할을 하여 지속가능하
고 쾌적한 환경도시를 만드는 데 기여한다(그림 3-3). 특히 슈투트가르
트 시 서쪽 신도시조성지역이 확정되면서 토지이용계획에는 건물이
들어서서는 안 되는 지역임에도 불구하고 산업시설로 지정돼 있어 기
본계획을 전면 재수정해 녹색지대로 바꾼 것은 개발·경제논리보다는
환경보존의 정책을 선택한 좋은 예이다.
조경도 도시녹지의 사회적·경제적 역할과 함께 환경적 역할을 주목
하는 지속가능한 디자인을 강조해야 한다.
공원과 오픈스페이스 등 적정규모의 녹지공간을 확보하고 관리하는
것은 도시환경의 쾌적성 유지와 도시 생태계 보전을 위해 필요하다.
도시 내부에서 기존의 녹지와 공원을 연계하는 녹지망을 조성하고,
도심의 자투리땅을 녹지공간으로 개발해야 한다. 동시에 고밀도로 개
발되는 도심지에는 시민들이 쉽게 녹지공간에 다가갈 수 있게 고층
건물의 옥상이나 테라스를 녹화하는 것도 필요하다. 미래세대를 위한
녹지 감소를 방지하기 위하여 주택지의 개발과정에서 일정규모 이상

---

5 제이슨 맥러넌, 지속가능한 설계 철학, 정옥희 옮김, 비즈 앤 비즈, 2009, p.29, p.31.

그림 3-3
슈투트가르트市에는
바람길을 따라 공간이
확보되고 녹지가
조성되어 있다.6

의 녹지 조성을 의무화하고 바람길 같은 친환경도시로 나아가기 위한 정책방안들을 적극 검토해야 한다.

그러나 필자는 아직까지 제대로 지속가능한 디자인의 개념을 이해하고 실천하는 디자이너를 학교와 현장에서 잘 보지 못하였다. 그것은 아직 우리나라 대학의 디자인 스튜디오에서 환경적인 측면보다는 경제적 혹은 사회적인 측면만을 강조해서 교육하기 때문이 아닐까 하고 생각한다. 지속가능성이란 경제적인 측면과 사회적인 측면 그리고 환경적인 측면이 골고루 다 고려되어야 하는 디자인 접근방법이다. 그럼에도 불구하고 디자인 스튜디오에서 환경은 늘 뒷전이다. 왜냐하면 디자인의 환경적인 측면을 제대로 이해하는 전문가가 부족하기 때문이다. 아울러 그 교육의 이해 당사자인 한국 학생들의 환경에 대한 문제 인식의 수준도 그리 높지 않은 것도 사실이다.[7]

이러한 배경에서 도시 관련 분야에서의 지속가능한 디자인이라 함은

6 http://ysnews.co.kr/default/index_view_page.php?part_idx=3460&idx=53667
2017년 2월 22일 검색.
7 황철원, 한국과 미국 지역 대학생들의 환경 문제 인식에 대한 통계 분석적 비교연구, 한국지리환경교육학회, 제20권 2호, 2012, pp.69-84.

결국 친환경도시를 위한 디자인, 기후변화에 적극 대응하는 탄소제로 디자인, 엔트로피제로의 디자인을 말한다. 결국 지속가능한 디자인 개념의 시작은 도시와 지구의 환경파괴에 대한 우려에서 나왔지만, 이것은 단지 환경에만 국한된 개념이 아니다. 환경과 인간과 사회는 서로 긴밀하게 연결되어있기 때문에, 인간이 환경을 생각하려면 반드시 자신의 사회도 함께 생각해야한다. 지속가능한 디자인의 세 구성 요소는 환경, 경제, 사회다. 경제 발전과 사회적 통합, 환경 보전을 함께 이루어가며 발전을 도모해나가는 것을 의미한다(그림 3-4).

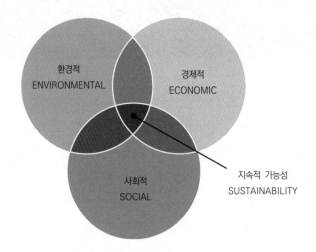

그림 3-4
지속가능한 개발(디자인)의 도식: 세 구성 요소의 상호 관계[8]

다음의 주장은 우리가 지속가능한 디자인을 이해하는 데 아주 유효하다.[9]

"환경적 책임에 중요한 가치를 두는 개념과 프로세스를 언급할 때 '환경친화적인(eco-friendly)', 그린(green)', 에코디자인(eco-design)' 등의 유사한 표현들이 자주 사용하기도 하는데 현재 세인트 존스 대학(St. John's

8 아리스 세린, 지속 가능한 디자인을 위한 지침서, 우정준 옮김, 디자인 리처치 앤 플래닝, 2009, p.12.

9 http://www.krista.co.kr/%EC%A7%80%EC%86%8D%EA%B0%80%EB%8A%A5%EB%94%94%EC%9E%90%EC%9D%B8sustainable-design%EC%9D%B4%EB%9E%80/ '지속가능 디자인(Sustainable Design)'이란 2017년 2월 25일 검색.

University)의 그래픽 디자인과 조교수로 재직 중인 아리스 셰린(Aaris Sherin)은 그녀의 저서 '지속가능한 디자인을 위한 지침서'[10]에서 '그린'이나 '환경 친화적인'과 같은 단어들이 주로 환경을 얘기하는 반면 '지속가능성(sustainability)'은 소재와 디자인, 생산 프로세스의 사회적, 경제적 영향에 대해서도 고려한다는 점을 이해하는 것이 중요하다고 언급했다. 그녀는 "지속가능한 디자인의 목적은 숙련되고 감각적인 디자인을 통해 부정적인 환경적 영향을 완전히 제거하는 것이며 재생 불가능한 자원을 배제하고, 환경에 영향을 가장 적게 주며, 자연환경과 인간을 연관시킨다는 상징성을 가지고 있다. 그 범위는 인간과 관련된 모든 분야에 적용된다."고 주장했다. 지금까지 그린디자인은 환경만을, 생태디자인은 환경적인 매개를, 그리고 지속가능한 디자인은 환경의 사회적 윤리적인 면을 특히 강조한다(그림 3-5).[11] 지속가능한 디자인은 순전히 환경과 환경친화적인 내용과 매개만을 지나치게 강조한 그린디자인 보다는 거기에 더하여 좀 더 환경의 사회적인 면과 윤리적인 면을 강조하고 있다.

이 책에서는 그린디자인을 포함하여 환경친화적 매개를 사용하고 사회적이고 윤리적인 관점을 강조하는 모든 디자인을 통틀어 '지속가능한 디자인'이라고 통일하여 부르기로 한다.

그림 3-5
지속가능한 디자인

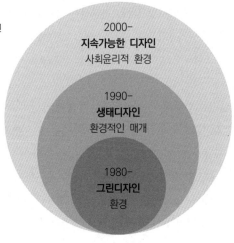

2000-
지속가능한 디자인
사회윤리적 환경

1990-
생태디자인
환경적인 매개

1980-
그린디자인
환경

10 아리스 셰린, 지속 가능한 디자인을 위한 지침서, 우정준 옮김, 디자인 리처치 앤 플래닝, 2009, pp. 12-25.

11 http://www.krista.co.kr, '지속가능한 디자인이란', 2017년 2월 23일 검색

1. 지속가능한 디자인의 원칙

지속가능한 디자인의 원칙은 독일 하노버 Expo 2000을 준비하면서 맥도너(Mcdonough)와 브라운가르트(W. Braungart)에 의해 제안된 하노버장전(Hannover Principles) 혹은 '지구 권리 장전(Bill of Rights for the Planet)'의 내용을 따른다(그림 3-6).[12]

① 건강하고 상호지원적이며 다양하고 지속가능한 조건에서 인간과 자연이 공존할 수 있는 권리를 주장한다.

② 상호의존성을 인정하라. 인간설계요소는 모든 규모에서 광범위하고 다양한 함축성을 가지고 자연세계와 상호 교류하고 의존한다. 설계에서의 고려를 확장시켜 멀리 있는 영향도 인정해야 한다.

③ 정신과 물질의 관계를 존중하라. 정

그림 3-6
맥도너(Mcdonough)와
브라운가르트(W. Braungart)에
의해 제안된 하노버장전
(Hannover Principles)

신적 자각과 물질적 자각간의 기존의 그리고 발전되는 연관성이라는 측면에서 커뮤니티, 주거, 산업, 무역을 포함한 인간정주의 모든 국면을 고려하라.

④ 설계결정이 인간의 복지와 자연시스템의 생명력 그리고 공존할 권리에 미치는 결과에 대한 책임을 수용하라.

⑤ 장기적인 가치를 갖는 안전한 물건을 만들어라. 생산품의 부주의한 생산과 부주의한 생산과정 및 기준이 만들어짐으로 인한 잠재적인 위험성을 관리하고 주의깊게 운영하는 데 필요한 부담을 미래 세대에게 넘겨서는 안 된다.

⑥ 쓰레기라는 개념을 제거하라. 쓰레기가 없는 자연시스템 상태에 접근하도록 생산품과 생산과정의 모든 일주기(Life cycle)를 평가하고 적정화해야 한다.

⑦ 자연에너지 흐름에 의존하라. 인간의 설계는 생명의 세계와 마찬가지로 영속

---

12 The Hannover Principles: Design for Sustainability (1992), Prepared in 1992 by William McDonough Architects and Dr. Michael Braungart; commissioned by the City of Hannover, Germany, as design principles for Expo 2000, The World's Fair.

적인 태양열로부터 창조력을 얻어야 한다. 책임 있는 용도를 위해 이 에너지를 효율적이며 안전하게 통합시켜야 한다.

⑧ 설계의 한계를 이해하라. 어떤 사람도 영원하지는 않으며 설계가 모든 문제를 해결하지는 않는다. 창조하고 계획하는 자들은 자연 앞에서 겸허해야 한다. 자연을 피해야 하거나 통제해야 할 불편함으로 삼기보다는 하나의 모델이나 훌륭한 스승으로 취급하라.

⑨ 지식을 나눔으로서 꾸준한 발전을 모색하라. 장기적인 지속가능한 고려와 윤리적 책임을 결부시키고 자연적 과정과 인간 활동 간의 통합적 관계를 재정립하기 위해 동료와 후원자, 생산자와 이용자 간에 공개적이고 직접적 의사소통을 촉진하라.

2. 지속가능한 디자인의 고려사항

지속가능한 디자인은 반드시 다음의 요소를 고려하여야 한다. 먼저 **환경영향을 최소화**하는 디자인, **에너지를 절약하고 재생가능한 에너지**를 활용할 수 있는 디자인, **물질 순환을 활성화**하는 디자인, **자연생태계의 회복을 배려**하는 디자인 그리고 마지막으로 **인간과 자연이 공생**할 수 있는 디자인이다.[13] 이미 오래전부터 지속가능한 디자인의 고려사항을 개발하여 사용하고 있는 미국 국립공원청이 제안하는 지속가능한 디자인 고려사항을 소개하면 다음과 같다.[14]

① 자연경관과 자연에 대해 정신적으로 조화를 이루고 윤리적 책임을 갖도록 촉진할 것.
② 주위의 상황에 맞추어 조경개발을 계획할 것.
③ 지속가능한 개발이 생태적 통합과 경제적 활력을 모두 유지하도록 할 것.
④ 단지를 동태적 균형 안에서 시간이 감에 따라 변화하는 통합된 생태계로 이해

---

13 양병이, 환경논총 제33권, 1995, pp.170-175.
14 U.S. National Park Service, Denver Service Center(1993), Guiding Principles of Sustainable Design.

를 할 것: 개발의 영향은 이러한 자연의 변화 내에 한정되어야 함.

⑤ 자원이 제자리를 못 찾았을 뿐 쓰레기와 같은 것은 없는 것으로 인정할 것.

⑥ 단기적 건설비만이 아니라 장기적인 사회적, 환경적 비용으로 개발사업의 타당성을 평가할 것.

⑦ 개발이 이루어지기 전에 물과 영양물의 순환과정을 분석해 볼 것.

⑧ 식생훼손, 토지지형 변경, 수로의 변경 등을 최소화할 것.

⑨ 자연형 에너지를 최대한 이용하도록 시설을 입지할 것.

⑩ 현장에서 발생된 모든 쓰레기는 그곳에서 처리하는 장소를 마련할 것.

⑪ 단지계획 초기에 환경적으로 안전한 현장에너지 생산과 저장수단을 결정할 것.

⑫ 개발의 누적적 환경영향을 모니터할 수 있도록 개발을 단계화할 것.

⑬ 자연생태계가 최대한 자력유지가 가능하도록 할 것.

⑭ 에너지 절약, 쓰레기 감소, 재활용, 자원절약 등의 기능이 방문자의 경험에 통합되도록 시설을 개발할 것.

⑮ 지역에서 구할 수 있는 재료나 기술을 구조물에, 향토수종을 조경에, 지역관습을 프로그램에 포함시킬 것.

(그림 3-7)은 지속가능한 디자인 요소를 고려하여 설계하고 조성한 알링턴 소재 텍사스대학교의 칼리지파크에 소재하는 '더 그린'이라는 녹지공간이다.[15] 이 공원은 4.62에이커(18,696㎡) 규모의 녹지로 대학구성원이나 방문객 그리고 대학주변의 주민을 위해 만들진 휴식공간이다. '더 그린'은 지속가능한 디자인 요소인 '넓은 잔디밭'과 사람들이 앉아서 이야기 나눌 수 있는 '구부러진 담장' 그리고 '재활용 병으로 만든 투수성 포장', '향토 초본류', '그 곳에 잘 적응하는 수목들', 빗물과 폭우 유입 시 관리에 도움이 되는 '건조형 개울' 등으로 이루어졌다. 이렇게 디자인된 공원은 빗물 유출을 25% 이상을 줄였다. 홍수가 종종 발생하는 존슨 개울로 빗물이 흘러 들어가기 부유 물질의 80%를 여과시킨다고 한다.

---

15 http://cityminded.org/designing-for-future-sustainable-landscapes-8529 2017년 2월 28일 검색.

그림 3-7
지속가능한 디자인 요소를
도입하여 완성한 공원

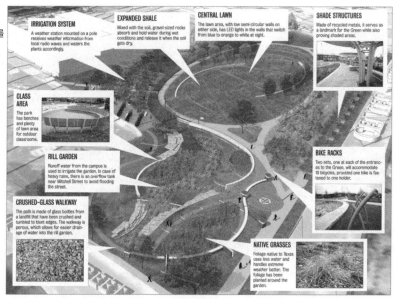

"유능한 설계자는 제아무리 심하게 훼손된 지역도 원래대로 회복시킬
수 있다. 그것이 바로 설계자의 의무이기도 하다. 그렇기 때문에 설계
자는 먼저 이 부지에 필요한 것이 무엇인지, 어떻게 해야 가장 잘 어
울릴지 생각해야 한다."[16]고 제이슨 맥레넌은 주장했다. 필자도 지속
가능한 디자인을 위한 가장 기본적인 원칙 혹은 철학은 바로 장소와
자연에 대한 존중과 배려라고 생각한다.

특히 지속가능한 디자인을 추구하는 조경디자이너는 반드시 모든 장
소의 고유한 특성을 발견해내고 존중해야 한다. 이러한 존중을 바탕
으로 하는 지속가능한 조경디자인이 과거와 다른 점은 비록 사용하는
소재와 토양이나 수질, 식물 등은 동일하다고 할지라도 그들이 창조
하는 공간의 환경을 '생각하는 정원'으로 조성하여 그 곳을 방문하는
이용자들에게 끊임없이 질문을 던지는 디자인에 가장 큰 핵심이 있
다. 미국의 조경가 조지 하그리브스(George Hargreaves)가 디자인한 포
르투갈의 테호 트랑카오(parque do tejo e trancao) 조성계획(그림 3-8)을

16 제이슨 맥러넌, 지속가능한 설계 철학, 정옥희 옮김, 비즈 앤 비즈, 2009, p.94.

그림 3-8
조지 하그리브스
(George Hargreaves)가
디자인한 포르투갈의
테호 트랑카오

예로 들 수 있다.

이 프로젝트는 포르투갈의 워터프론트 공원의 설계공모 당선작으로 정부가 엑스포(EXPO) '98을 유치하기 위하여 엑스포 예정 부지의 인근에 장기간 방치되어 있던 장방형의 공업용지를 재활용하여 레크리에이션과 교육적인 환경을 조성하였다.

미국조경가협회(ASLA)의 홈페이지에서 발견되는 현직 조경디자이너들과 미래의 디자이너인 학생들 간의 작품을 통한 소통은 미래의 지속가능한 조경디자인을 위하여 매우 바람직한 시도라고 할 수 있겠다. 홈페이지에는 지속가능한 조경디자인에 대한 최근 작품의 소개를 하면서 다음과 같이 지속가능한 조경디자인에 대한 설명을 해놓았다.[17] "지속가능한 조경디자인은 건강한 공동체의 발전에 적극적으로 기여하기 위하여 환경과 재생에 민감하게 반응하는 것이다. 지속가능한 조경디자인은 이산화탄소를 줄이고, 대기와 수질을 개선하고 에너지 효율을 증대하고 생태계를 보호하고 아울러 주목할 만한 경제적, 사회적 환경적 편익에 의한 가치를 창출한다(그림 3-9).

이 홈페이지의 사이트를 통하여 여러분들은 조경가들이 대규모의 지

---

17 http://www.asla.org/sustainablelandscapes/about.html

그림 3-9
환경과 재생에 민감하게
반응한 지속가능한
디자인의 좋은 예인
하이라인

속가능한 주택단지의 마스터플랜부터 아주 작은 규모의 녹도나 주차장 그리고 사유지 등의 디자인 프로젝트를 통하여 어떻게 세상을 변화시키고 있는지 배우게 될 것이다. 그리고 여러분들은 동시에 조경가, 계획가, 건축가, 엔지니어 그리고 원예가와 기타 기술자들이 한 팀을 이루어 지속가능한 미래로 향하는 길의 외형을 갖춘 혁신적인 모델을 어떻게 창조했는지도 배우게 될 것이다.

여러분들이 이 프로젝트들을 자세히 살펴보았다면 조경가들이 지속가능한 경관을 디자인하고 창조하기 위해 사용했던 기술적인 디테일들을 배울 수 있을 것이다."

3. 지속가능한 디자인의 과정

양병이 교수의 논문18 "지속가능한 설계(Sustainable Design)"에서 제안한 단지설계 과정을 도식화하면 아래의 (그림 3-10)과 같다. (그림 3-10)은 지속가능한 디자인, 특히 단지 설계의 과정에서 어떠한 지속가능한 요소가 고려되어야 하는지를 잘 보여준다. 이는 다른 도시나 조경그리고 건축 등의 지속가능한 디자인을 위해서도 많은 참고가 될 것으로 생각된다.

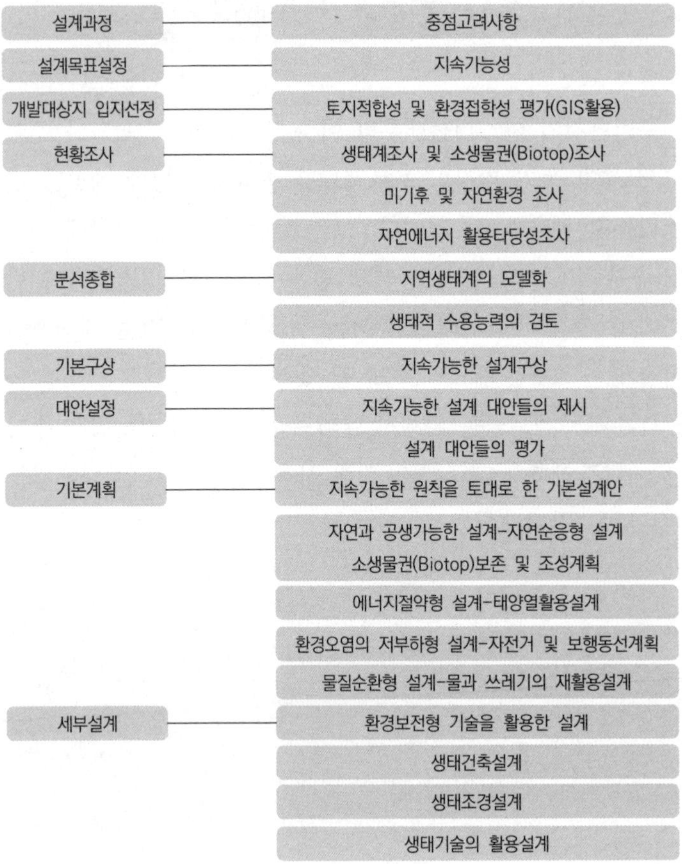

설계과정	중점고려사항
설계목표설정	지속가능성
개발대상지 입지선정	토지적합성 및 환경접학성 평가(GIS활용)
현황조사	생태계조사 및 소생물권(Biotop)조사
	미기후 및 자연환경 조사
	자연에너지 활용타당성조사
분석종합	지역생태계의 모델화
	생태적 수용능력의 검토
기본구상	지속가능한 설계구상
대안설정	지속가능한 설계 대안들의 제시
	설계 대안들의 평가
기본계획	지속가능한 원칙을 토대로 한 기본설계안
	자연과 공생가능한 설계-자연순응형 설계 소생물권(Biotop)보존 및 조성계획
	에너지절약형 설계-태양열활용설계
	환경오염의 저부하형 설계-자전거 및 보행동선계획
	물질순환형 설계-물과 쓰레기의 재활용설계
세부설계	환경보전형 기술을 활용한 설계
	생태건축설계
	생태조경설계
	생태기술의 활용설계

그림 3-10
지속가능한 단지설계의 과정.19

---

18 양병이, 지속가능한 설계, 환경논총 제33권, 1995.
19 양병이, 지속가능한 설계, 환경논총 제33권, 1995, p.176에 의거 새롭게 작성.

그림이 제시하는 단지설계과정에서에서 지속가능한 디자인의 도입에 관한 프로세스를 살펴보자.

먼저 설계목표의 중점고려사항은 지속가능성이다. 지속가능성이란 설계 대상지의 생태계가 미래에도 지금의 상태로 유지할 수 있는 제반 환경을 말하며, 대상지가 개발 이후에도 현 생태계의 지속성 혹은 연속성을 유지할 수 있도록 해야 함을 뜻한다. 이를 위해서 입지선정 과정에서 GIS(지리정보시스템)를 이용하여 토지의 적합성이나 환경적합성을 평가한다. 예를 들면 지속가능한 주택단지의 구상을 위한 토지 용도의 적지분석을 위해 GIS를 활용하여 생태환경을 정리, 분석하여 지역 및 공간에 대한 적합성을 판정한다. 적합성 판정에 영향을 미치는 생태환경 요소를 선정하는데 표고, 경사, 수계/저류지, 비오톱, 토양생산성, 시각민감도, 식생, 녹지연결성 등을 선정할 수 있다. 각 요소의 범주를 개발 및 보존가치에 따라 5등급으로 등급화하고, 각 요소별 가중치를 부여한다. 도면중첩은 최대값을 이용하고, 분석의 최종단계에서 5등급의 토지 적합성 등급을 제시하고 이에 따라 개발, 보전, 절대보존 공간 등 등급별로 토지용도를 제안할 수 있다.

이어 생태계조사 및 비오톱(Biotop), 미기후, 자연환경조사와 자연에너지 활용의 타당성에 대한 현황조사를 한다. "비오톱(biotope)이란 그리스어로 생명을 의미하는 비오스(bios)와 땅 또는 영역이라는 의미의 토포스(topos)가 결합된 용어로 특정한 식물과 동물이 하나의 생활공동체, 즉 군집을 이루어 지표상에서 다른 곳과 명확히 구분되는 하나의 서식지를 말하며 협의적으로는 도시개발과정에서 최소한의 자연생태계를 유지할 수 있는 생물군집 서식지의 공간적 경계를 말한다." (그림 3-11)[20]

---

20 네이버 지식백과, 비오톱 [biotope] (서울특별시 알기 쉬운 도시계획 용어, 2012. 1., 서울특별시 도시계획국), 2017년 3월 7일 검색.

그림 3-11
비오톱이란 최소한의
자연생태계를 유지할 수
있는 생물군집 서식공간이다.

경관생태학자 나정화는 "오늘날 도시 비오톱(Urban Biotop)의 의미는
매우 포괄적이고 다양하게 이해되고 있다. 도시비오톱은 ① 도시 내
동·식물 서식처 및 종다양성 보전의 중심지 공간, ② 기후보전공간
(찬바람 발생지역 및 찬바람 통행구의 중심 공간), ③ 토양 및 수질보전 공간,
④ 대기오염 및 소음경감, ⑤ 도시민의 휴양 및 여가 공간 제공, ⑥
자연사적·문화사적 역사 인식의 장, ⑦ 자연학습 및 자연체험 기회
부여 등과 같은 중요한 기능 및 임무를 가지고 있다. 이러한 중요한
기능 및 임무에도 불구하고 1970년대 이후 우리나라 도시들은 급속
한 경제성장과 더불어 밀집화·거대화돼 왔다. 이는 도시 비오톱의 소
멸 및 단절화를 가속화했으며, 오늘날 도시생태계의 불균형을 심화시
킨 가장 근본적인 원인 중 하나로 볼 수 있다."[21]고 주장했다. 따라서
지속가능한 디자인을 위한 대상지의 환경영향평가의 기초자료로서 도
시 비오톱 지도의 활용은 매우 중요하다(그림 3-12).

21 http://www.hkbs.co.kr/?m=bbs&bid=opinion2&uid=76473 2017년 3월 27일 검색.

그림 3-12
서울시 비오톱지도 중
토지이용도[22]

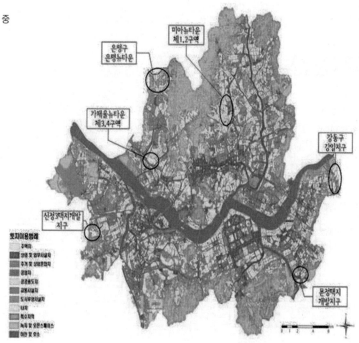

다음으로 조사과정에서 수집한 데이터를 이용하여 지역 생태계의 모델화와 생태적 수용력을 검토한다. 생태 모델링은 이 지역 생태계의 동태를 모니터링하기 위함이며 생태적 수용력(ecological carrying capacity)은 이용자의 영향을 지탱할 수 있는 자연 생태계의 능력의 한계를 파악하기 위함이다. 이러한 과정을 거쳐 지속가능한 디자인의 구상과 대안의 제시 및 평가를 동시에 행한다. 지속가능한 원칙을 기초로 한 기본 설계안에는 비오톱 보존 및 조성 계획을 통한 자연공생 디자인, 태양열 활용계획을 포함하는 에너지 절약형 설계, 자전거 및 보행동선 계획을 이용한 환경오염에 부담을 덜 주는 디자인, 그리고 물과 쓰레기의 재활용을 통한 물질 순환형 디자인 등을 한다. 세부 환경보전형 기술을 활용한 디자인으로는 생태기술의 활용, 생태건축 그리고 생태조경디자인 등이 있다.

---

22 http://m.latimes.kr/news/articleView.html?idxno=19478 2017년 3월 27일 검색.

2부

지속가능한 디자인의 배경

"인간은 미래를 예견하고 그 미래를 제어할 수 있는 능력을 상실하였다.
지구를 파괴함으로써 그 자신도 멸망할 것이다"

                                        -알베르트 슈바이처

▼ 아일랜드, 더블린의 그랜드 캐널 주변 산책로의 태양광 패널을 부착한 쓰레기통

환경의 개념[1]

01

1. 환경의 정의

우리가 생활하고 있는 환경(環境)의 개념은 매우 포괄적이다. 우리말
환경은 영어인 environment(엔바이런먼트), 불어인 milieu(밀류), 독일어
인 Umgebung(움게붕) 그리고 일본어 環境(かんきょう켄쿄)의 번역어다.
환경이란 생물의 생활을 영위하는 공간, 즉 모든 생물이 사는 서식처
이며, 또한 영향을 주는 생활권을 의미한다. 이러한 환경의 개념은 집
단, 공동체, 그리고 사회의 형성과정을 연구하는 데 필수적인 것이며
따라서 환경이라는 용어는 물리, 화학, 생물학뿐만 아니라 의학, 심리
학, 지리학, 사회학 그리고 생태학 등에서도 자주 사용된다.
넓은 의미의 환경이란 어떤 주체를 둘러싸고 주체에게 영향을 미치는
유형과 무형의 객체의 총체라고 할 수 있다.
사람을 주체로 하는 경우 환경이란 인간과 인간의 다양한 활동을 둘
러싸고 있는 주위의 상태를 말하며 주체가 환경에 의하여 받는 영향
은 일반적으로 대단히 복잡하다.
어떤 생물이든지 주어진 환경 아래에서 생활을 영위하고 있기 때문에
환경 없이 생명은 존재할 수가 없다. 따라서 생명체의 생명현상은 그
환경조건에 지배된다고 볼 수 있다.
지구상에서 중요한 환경요인에는 기후, 토양, 암석, 생물 등과 같은

---

1 김수봉, 그린디자인의 이해, 계명대학교 출판부, 2012, pp.16-82의 내용을 참고하여
  새롭게 구성.

자연적인 환경요인과 어떠한 방법으로든지 생물에 영향을 미치는 인위적인 환경요인이 있는데 이러한 여러 요인의 집합을 환경이라고 볼 수 있다.

일본의 생태학자인 쓰기야마(杉山惠一)선생2은 환경을 생태학적관점에서 자연환경과 인공환경으로 나누었다. 그는 생태학에서 "어떤 생물 개체를 둘러싸고 있는 실체"를 통틀어 '환경'이라고 정의했다. 환경은 본래 모두 자연적 요소로만 구성되어 있었다. 그런데 여기에 인간이 등장하면서 달라졌다. 인간은 자연환경 속에서 자신의 생활에 보다 편리한 별개의 환경을 만들어 내었는데 그것을 우리는 인공환경이라고 부른다. 그러나 이 인공환경은 절대 자연환경과 독립하여서는 존재할 수 없다고 하였다. 그에 따르면 인공환경이 자연환경의 규모를 넘어서 계속 확대되어 소위 지구환경의 위기라 불리는 문제의 원인이 되었다고 하면서 지금까지 등 뒤에 업혀 있던 아이의 체중(인공적 환경)이 엄마의 체중(자연환경)을 넘어선 것과 같은 상태가 되었다고 우려했다.

우리나라의 환경정책기본법에서는 (표 1-1)과 같이 『환경』을 자연환경과 생활환경으로 분류하고 있다. 자연환경(Natural Environment)은 지하, 지표, 해양 및 지상의 모든 생물과 이들을 둘러싸고 있는 비생물적인 것을 포함한 자연의 상태를 말한다. 생활환경(Living Environment)은 대기, 물, 폐기물, 소음·진동, 악취, 일조, 인공조명 등을 우리들의 일상생활과 관련되는 환경으로 정의하고 있다.

환경은 생물이 살고 있는 모든 것을 통칭하는 말로서 앞에 붙는 용어에 따라 의미가 다양하다. 가령 인간이란 말이 사용되면 인간환경(Human Environment), 자연이란 말이 사용되면 자연환경(Natural Environment), 도시란 말이 오면 도시환경(Urban Environment)처럼 쓰이고 있다.

---

2 杉山惠一 외, 자연환경복원 기술, 이창석 외 공역, 동화기술, 2001, p.15.

표 1-1 환경정책기본법에서 사용하는 환경용어의 정의

1. "환경"이란 자연환경과 생활환경을 말한다.

2. "자연환경"이란 지하·지표(해양을 포함한다) 및 지상의 모든 생물과 이들을 둘러싸고 있는 비생물적인 것을 포함한 자연의 상태(생태계 및 자연경관을 포함한다)를 말한다.

3. "생활환경"이란 대기, 물, 토양, 폐기물, 소음·진동, 악취, 일조(日照), 인공조명 등 사람의 일상생활과 관계되는 환경을 말한다.

4. "환경오염"이란 사업활동 및 그 밖의 사람의 활동에 의하여 발생하는 대기오염, 수질오염, 토양오염, 해양오염, 방사능오염, 소음·진동, 악취, 일조 방해, 인공조명에 의한 빛공해 등으로서 사람의 건강이나 환경에 피해를 주는 상태를 말한다.

5. "환경훼손"이란 야생동식물의 남획(濫獲) 및 그 서식지의 파괴, 생태계질서의 교란, 자연경관의 훼손, 표토(表土)의 유실 등으로 자연환경의 본래적 기능에 중대한 손상을 주는 상태를 말한다.

6. "환경보전"이란 환경오염 및 환경훼손으로부터 환경을 보호하고 오염되거나 훼손된 환경을 개선함과 동시에 쾌적한 환경 상태를 유지·조성하기 위한 행위를 말한다.

7. "환경용량"이란 일정한 지역에서 환경오염 또는 환경훼손에 대하여 환경이 스스로 수용, 정화 및 복원하여 환경의 질을 유지할 수 있는 한계를 말한다.

8. "환경기준"이란 국민의 건강을 보호하고 쾌적한 환경을 조성하기 위하여 국가가 달성하고 유지하는 것이 바람직한 환경상의 조건 또는 질적인 수준을 말한다.

2. 환경을 보는 다양한 관점

인간은 무한한 우주의 생태계 속에서 가장 강력한 영향을 미침과 동시에 자기가 속해 있는 자연계뿐만 아니라 그가 스스로 조성해 놓은 인공적 환경으로부터 영향을 받는다. 인간은 그의 생존을 영위하기 위하여 자연으로부터 무수한 동·식물을 채취하는 동시에 자연자원을 편리한 대로 이용함으로써 자연계의 형태와 속성을 변화시킨다. 인구와 생산 활동의 급격한 증가 등으로 인해 야기되는 환경파괴와 오염은 생태계의 기능을 교란시키며, 한번 자기조절기능을 상실한 자연계의 균형관계가 회복되기 위해서는 오랜 세월이 걸린다. 자연이 인간의 능력으로 보다 아름답게 장식되기도 하고, 야생의 동·식물이 인간의 영향에 의해 순화되기도 한다.

한편, 자연환경이 인간에게 주는 영향은 우선 인구의 증가를 제한하고 인간 활동의 영역과 형태를 제약한다. 자연자원의 유한성과 생태

계의 형평성은 무한한 욕망을 억제하려는 인간의 의지와 노력을 유발
시킨다. 그리고 한정된 토지와 자원은 인간사회 내에서 경쟁심을 초
래한다. 그러므로 자연환경은 인간의 사고와 행동을 결정하는 범위가
될 수도 있다.

따라서 환경문제는 인간 활동에 의해서 초래되고, 인간 활동은 인간
이 환경을 바라보는 다양한 관점에 의해 결정된다고 하겠다. 환경은
인간에게 어떠한 영향을 끼치며, 인간은 환경 속에서 어떠한 존재인
가? 또 환경 속에서 인간은 어떠한 역할을 해야 하는가? 즉 환경과 인
간과의 관계를 어떻게 볼 것인가 하는 물음에 대한 견해 또는 관점을
환경관이라고 하는데, 이는 인류의 역사와 함께 바뀌어 왔다. 환경관
은 근본적으로 철학의 변화와 그 맥을 같이 해 왔다고 하겠다.

인간 삶의 본질을 깨닫고자 하는 철학은 환경과의 관계 속에서 자신
의 생명을 유지해야 하는 인간의 삶의 기본 조건이기 때문에 결국 환
경관과 직접 연결된다.

1) 동아시아의 환경관

한국이 속해있는 동양의 환경관은 자연과 인간이 서로 유기적으로 얽
혀 있다는 전체론적 견해를 따른다. 동양에서는 자연이 인간에게 내
려 준 것을 인간의 본성이라 하고, 인간의 본성에 따르는 것을 도(道)
라 하였으며, 이 도를 배우는 것을 교육이라 하였다. 즉, 동양철학에
서는 자연의 이치를 깨닫는 것이 곧 삶의 이치를 깨닫는 것이라 생각
하였다(그림 1-1).

그러나 현재 우리나라를 포함한 대부분의 동아시아 지역은 이러한 전
통적 환경관을 무시한 채 서양의 합리적·기계론적 환경관에 바탕을
둔 과학과 기술의 발전을 가속화시킴으로써 심각한 환경문제에 직면
하고 있다. 이러한 합리적·기계론적인 환경관의 바탕에는 근대를 특
징짓는 자본주의가 자리를 잡고 있다. '이윤추구를 목적으로 자본이
지배하는 경제체제'인 자본주의는 인류가 창조한 다양한 문명이 그
나름대로 소중하게 여겨온 가치들과 삶의 원리들을 주변부로 밀어내

그림 1-1
동양철학에서는
자연의 이치를
깨닫는 것이 곧
삶의 이치를 깨닫는
것이라 생각하였다.
(김홍도의 '기우도강도')

거나 짓눌러 없애고 오늘날 지배적인 경제체제를 구축하였다. 그러나
이제부터라도 자본주의 경제체제를 반성하고 새로운 경제체제와 세계
관을 모색하는 현 시점에서 지금까지 변방에 머무르거나 망각되거나
무시되어온 자본주의 이외의 여러 가지 사고방식을 재평가하고 그것
들이 간직하고 있는 원리나 관점에서 무엇인가를 배워야 할 것이다.
특히 우리는 동아시아의 과거 문명과 전통적 사상을 기반으로 선조들
의 <생태적 지혜>에 관해 많은 것을 배워야 할 때다.

2) 서양의 환경관

서양의 환경관은 자연의 통일성과 합리성을 추구하는 고대 그리스의
자연 철학에 그 바탕을 두고 있다. 고대 자연 철학은 자연을 완벽한
조화와 균형을 이루고 있는 합리적인 실체로 인식하고 신과 동일시하
고 있었다. 따라서 인간도 이러한 자연 법칙에 순응해야 한다고 믿고
있었다(그림 1-2).
그러나 과학 혁명에 의해 태동된 근대 과학의 출현은 인간에게 기계
론적인 환경관을 심어 주었다. 즉, 자연은 시계와 같이 정교하게 움직
이는 기계와 같으며, 인간이 그 작동 원리를 알기만 하면 인간을 위
해 자연은 무한히 이용될 수 있다고 생각하였다.
신의 위치에 있던 자연은 인간의 뜻대로 움직이는 기계로 전락했으며,
이러한 사상은 산업혁명을 거치면서 자연의 착취와 파괴를 낳았다.

저명한 미국의 사회학자 이매뉴얼 월러스틴 교수(Immanuel
Maurice Wallerstein)에 따르면 원래 서구가 추구했던 근대의
첫 번째 지향점이면서 본질적인 지향점은 폭력적 권위로부
터 해방과 개인의 자유, 그리고 공동체적 평등의 실현이었
다고 한다. 그는 이를 <해방적 근대>라고 했다. 그러나
다른 한편으로 서구의 근대는, 자연에 대한 합리적 지배와
이를 위한 기술 중심적 세계관을 추구했다. 즉 자연의 한계
로부터 벗어나는 인간의 힘을 보여주자는 것이었다. 이를
<기술적 근대>라고 부른다. 기술적 근대는 인간의 자연

그림 1-2
서양 사람들에게
자연은 믿을 수 없는
것이었고 자기의 몸만
믿을 수 있었다.

에 대한 무차별적 착취를 가능하게 하였다. 하지만 19세기 후반과 20
세기를 거쳐 오면서 서양인들은 이 두 가지 <근대>의 지향이 서로
화해하지 못하고 충돌하고 있음을 깨닫게 되었으며, 이러한 상호모순
에 인하여 생긴 문제 중의 하나가 환경문제라 보고 있다.

3) 환경관의 변화

환경에 대한 태도는 산업혁명의 발전과 함께 많은 사람들이 서구적인
환경관을 갖게 되었다. 그리고 과학기술과 산업이 발달함에 따라 더
많은 자원이 필요하여 석탄, 석유 등 각종 지하자원의 사용이 급격히
증가하였다. 농업의 발달은 과거보다 훨씬 적은 수의 인력으로도 많
은 사람들을 부양할 수 있게 해주었고, 산업의 발달은 사람들을 농촌
에서 도시로 모여들게 하여 도시화가 진전되었다. 도시에서 소비되는
거의 모든 물자는 주변 지역이나 멀리 떨어진 농촌, 삼림, 저수지 또
는 광산 등에서 공급되고, 도시에서는 그만큼 많은 오염물질과 각종
폐기물을 생산하게 되었다.
오늘날 우리는 산업이 고도로 발달하고 자유경제 체제 사회에서 살고
있으며, 산업의 발달, 도시화, 물질적 풍요로움에 대한 이기적 태도
등으로 환경문제가 발생했다.
산업혁명 이후의 급격한 과학기술의 발달과 이에 따른 공업화, 산업
화 그리고 인구증가에 따른 부산물의 증가는 자정작용을 훨씬 상회하

는 대량의 오염물질을 배출·누적시켰다. 이 때문에 지구상의 오염은 급속히 악화되어 멀지 않은 장래에 인간의 생존 그 자체까지 위협받게 될 것이다.

유한한 자연 중에서 인간이 무한하게 이를 파괴하는 생산과 소비를 계속한다면 지구상의 인간의 운명은 자명해진다. 오늘날 세계 각지에서 일어나고 있는 환경오염 사건들은 장래 인류와 지구를 위협하고 있다. 따라서 오염문제는 단순히 국지적 차원의 문제가 아닌 지구적 차원의 위기로 인식하는 것이 바람직 할 것이다.

쾌적한 환경을 이룩하기 위해서는 물자와 에너지 사용의 증가율을 줄여 환경의 균형을 유지하고, 물자를 재활용해야 한다. 이보다 더욱 중요한 것은 우리가 환경을 지배할 수 있다는 생각을 버리고 우리 역시 환경의 일부분이라는 태도를 갖는 것이 무엇보다 중요하다. 이는 환경관의 일대 전환이라고 해도 좋을 것이다. 특히, 산업혁명 이후의 물질문명 위주의 가치관에서 자연을 중시하는 동양적 환경관의 접목이 요청된다.

현재 자연을 도구로 보는 서양에서는 최근 이에 대한 반동으로 환경보호운동이 거세게 일고 있으며, 1971년 캐나다 밴쿠버 항구에 캐나다와 미국의 반전운동가, 사회사업가, 대학생, 언론인 등 12명의 환경보호운동가들이 모여 결성한 국제적인 환경보호 단체인 그린피스(Greenpeace)가 그 대표적인 단체 중의 하나다(그림 1-3). 반면 자연을 소중히 여기던 동양에서는 서양의 진보된 과학기술을 여과 없이 단시일 내에 받아들이는 과정에서 과학기술이 자연과 인간에게 미치는 해악을 생각해 볼 여유도 없었다. 우리나라의 경우 그 대표적인 사례가 1991년의 <낙동강 페놀사건>과 2012년 9월에 발생한 일어난 <구미 플루오린화수소(불산) 누출사고> 등이다. 이 시점에서 중요한 것은 지구는 하나밖에 없는 우리 인간들의 보금자리임을 명심하여 이를 지키고 가꾸는 데 각별한 주의와 관심을 가져야 한다는 점이다.

그림 1-3
그린피스의 홈페이지3

3. 환경윤리

1) 환경윤리의 등장배경

인류의 시작부터 지금에 이르기까지 인간과 환경의 상호작용은 지속
되고 있다. 이러한 상호작용은 과학기술의 발달에 따라 변화를 거듭
하고 있으며, 그 결과 인간이 환경에 끼치는 영향은 지속적으로 확대
되고 있다. 이로 인해 환경에 주는 부하(負荷)는 일시적이고 지역적인
수준을 넘어서 나라에서 나라로 전파되고 자손에게 대물림되는 수준
까지 확대되고 있다. 이러한 상호작용의 불균형은 인류가 화석연료를
사용하면서부터 급속히 진행되기 시작했다. 인류가 살아온 장대한 역
사 속에서 불과 몇 세기만에 인류의 인구는 순식간에 몇 곱절로 증가
하게 되었다. 이로 인해 자연자원은 파괴되고 고갈되어 가고 있으며,

3 http://www.greenpeace.org/international/en/ 2017년 3월 28일 검색.

수많은 생물들이 멸종되고 유독 물질들은 축적되어 미래세대의 삶까지 위협하고 있는 실정이다. 오늘날 지구환경을 위협하는 문제들로는 오존층파괴, 지구온난화, 사막화 그리고 환경호르몬 등 이루 말로 열거하기가 힘들 정도로 많다.

이러한 현시점에서 인간은 환경에 대한 윤리학적 · 철학적 문제를 고려하지 않을 수 없게 되었다. 많은 이들은 21세기를 개발과 환경 사이의 상호의존과 공존 · 공생이라는 범지구적 변화로 규명되는 새로운 시대에 접어들었다고 믿고 있다. 이러한 시기에 진입함에 있어서 우리가 직면한 가장 중요한 과제 중의 하나는 이 지구상에서 환경과 인간과의 관계에 관한 올바른 철학적 · 윤리적 자의식을 가지고 지적으로 관리하는 것이라고 볼 수 있겠다. 이러한 과제를 잘 풀어나가기 위해서는 새로운 환경윤리가 반드시 포함되어야 한다. 자연주의 사상가이자 실천가인 알도 레오폴드(Aldo Leopold)는 「대지윤리 The Land Ethics」라는 환경문제의 이론적 근거를 제공하면서 '환경문제는 그 자체가 원래 철학적이므로, 환경개혁에 대해 큰 희망을 가지기 위해서는 철학적 해결책이 필요함'을 역설하기도 했다.[4] 여기서 대지(大地)라함은 단순한 토양이 아니다. 그것은 토양, 식물, 동물의 회로를 거쳐 흐르는 에너지의 원천[5]을 말한다.

2) 환경윤리의 접근방법

환경윤리에 관해 언급하기 전에 倫理(윤리)에 대해 알아보자.[6]

윤리란 철학의 한 분야다. '윤리(ethics)'란 말은 관습을 의미하는 그리스어 'ethos'에서 나왔다. 이러한 의미에서 윤리는 관습적 행동의 지침이 되는 일반적인 신념, 태도, 혹은 표준을 가리킨다. 어떤 사회이든 자기 나름의 고유한 윤리를 갖는다. 그리스 철학에서부터 철학적 윤리학은 관습적인 것을 옳은 것으로 받아들이는 것을 거부했다. 철

---

4 Leopold, A., 1949, A Sand County Almanac. Oxford University Press, New York.
5 J.R. 데자르뎅, 환경윤리, 김명식 옮김, 1999, 서울: 자작나무.
6 J.R. 데자르뎅, 환경윤리, 김명식 옮김, 1999, 서울: 자작나무.

학의 분과로서 윤리학은 기존 관습에 대한 합리적인 비판 작업을 수
행해 왔다. 이러한 윤리는 공동체, 교회, 사회, 직업 같은 집단에 의해
공유되는 가치기준의 집합이며, 윤리적으로 행동한다는 것은 그 집단
의 가치기준에 따라 행동하는 것을 말한다.

도덕은 윤리문제에 관한 일정 문화의 지배적인 감정을 반영하기 때문
에 윤리와는 다르다. 예를 들어 모든 문화에서 사람을 죽인다는 것은
두말할 것도 없이 비윤리적이다. 그러나 국가 간 전쟁이 발발했을 때
적을 죽이는 것은 아주 당연하게 받아들인다. 따라서 윤리적으로 볼
때 적을 죽이는 행위가 틀린 것이라고 해도 이 경우에 적을 죽이는
것은 도덕적인 행위가 된다. 전쟁을 치른 모든 국가는 그들이 행한
전쟁은 도덕적으로 문제가 없다고 한다.

환경윤리는 응용윤리학의 한 분야로서 환경에 대한 책임의 도덕적 기
초를 탐구하는 분야라 할 수 있다. 환경과 관련된 윤리적 문제는 다
른 윤리적인 문제들과는 다르다. 일반적으로 환경윤리는 인간과 자연
환경과의 도덕적 관계에 대한 체계를 설명하는 것이라 할 수 있다.
환경윤리학은 도덕규범을 통해 인간의 자연에 대한 행위를 통제하고
제한시킬 수 있다. 그러나 무조건적으로 인간의 자연에 대한 행위를
통제하고 제한하는 것이 아니라 인간이 자연에 대해 어떠한 책임을
져야 하는지 설명할 수 있어야 하며 책임의 정당성을 입증할 수 있어
야 한다.

이러한 자연과 인간의 관계에 관해 인간중심주의, 생물중심주의, 그
리고 생태중심주의 같은 다양한 환경윤리에 관한 이론들이 제시되었
으며 그 내용은 다음과 같다.[7]

먼저, 환경에 대한 인간중심주의(anthropocentric)는 모든 환경에 대한
책임감은 오직 인간의 이해관계에 의해 좌우된다는 이론이다. 이 이
론은 서구의 근대적 자연관에 의거하여 인간의 가치만을 중요하게 인
정하고 인간 이외의 다른 모든 자연의 존재들을 인간의 목적을 위한

---

7 김종욱 외 옮김, 환경과학개론, 2001, 서울: 북스힐. pp.18-19.

수단으로 활용할 수 있다고 주장한다. 이는 인간은 다른 생물 및 모든 물질과 구별되는 유일한 존재, 인간만이 자율적 존재이며 가치를 선택하고 도덕적 행위를 결정할 수 있는 윤리적 존재라는 생각에 그 기반을 두고 있다.

데카르트는 인간을 세계에서 유일한 이성적 존재로 보았으며, 인간 이외의 자연의 모든 존재는 비이성적 존재라고 보았다. 이분법적 세계관을 통해 인간과 자연을 분리하여 인간을 자연보다 우월한 존재로 보았고 자연을 단순한 하나의 기계에 불과하다고 여겼다. 그래서 그는 이성을 지니지 않은 동물 또한 마찬가지로 기계에 불과하다는 동물 기계론을 주장하여 기계에 불과한 동물을 인간이 당연히 착취하고 이용할 수 있다고 믿었다. 더 나아가 인간중심주의는 지구가 인간의 삶을 지탱하기 위해 환경적으로 건강하고 친근하게 존재해야 하며, 인간의 삶이 지속적으로 윤택하기 위해서 지구의 아름다움과 자연자원이 보전되어야만 하는 간접적 의무를 포함하고 있다고 생각했다.

환경의 도덕적 책임감에 대한 그 두 번째 이론은 생물중심주의(bio-centric)다. 생물중심이론은 넓은 의미에서 모든 형태의 생명체는 반드시 존재해야 할 권리를 가진다는 것이다. 생물중심주의자들은 생명체의 가치에 대한 평가를 어떠한 기준에 따라 위로부터 그 순서를 정하기도 한다. 예를 들어 소수이지만 동물의 권리를 옹호하는 단체에 종사하는 사람들은 식물보다는 동물을 보호해야 할 책임이 더 크다고 믿고 있다. 다른 이들은 다양한 생물종의 권리는 인간에게 어떠한 해를 주느냐에 달려있다고 생각한다. 그들은 모기나 쥐와 같은 사람에게 해로운 종들을 죽이는 것이 전혀 나쁘지 않다고 한다. 또 어떤 이들은 각각의 생물종뿐만 아니라 하찮게 보기 쉬운 개개의 유기체들도 존재해야 할 권리가 있다고 한다. 이처럼 인간은 인간의 행위로 인한 멸종과 죽음의 위기에서 어떤 형태의 종 혹은 개체를 보호해야만 하는가를 결정해야 한다. 하지만 이러한 상황에서 일관된 방침을 끌어내는 것과 윤리적으로 모순되지 않는 방안을 찾아내는 것은 현실적으로 어려운 일일 것이다.

세 번째 이론인 생태중심주의(eco-centric)는 <모래땅의 사계>8의 저
자인 알도 레오폴드(Aldo Leopold)에 의해 제안되었다. 레오폴드의 이
론적 출발점인 대지윤리(Land Ethics)는 생태학적 관점에서 땅은 더 이
상 우리가 마음대로 이용해서는 안 되며 소유의 대상이 아니라 우리
의 생존과 직결된 윤리적 대상이라는 것이다. 이는 인간의 이해관계
에 대한 간섭 없이 환경 그 자체가 도덕의 직접적인 대상이 된다는
뜻이다. 생태중심주의에서는 환경이 직접적인 권리를 가지며, 도덕적
으로 개개의 특질이 부여되었기 때문에 환경은 직접적인 의무와 고유
한 가치를 지닌다. 즉 환경은 그 자체가 인간과 도덕적인 면에서 동
격으로 취급된다. 이 이론에 따르면 인간은 생태계에서 더 이상 정복
자가 아니며 어떠한 우선권도 가질 수 없고 훼손 또한 불가능하며 모
든 생물과 동등한 지위를 부여받게 된다. 즉 과거 자연에 대한 우선
권을 가지지 않았던 원시상태의 모습과 유사한 상태라 할 수 있겠다.
전통적인 정치·국가의 경계에 대한 의미가 희미해지고 범지구적으로
옮겨감에 따라, 다양한 환경에 대한 사고와 윤리가 발전되어가고 있
다. 요즘 환경윤리에 관해 나타나고 있는 몇몇 새로운 사고는 인간은
자연의 일부이며, 자연의 개별적인 부분들은 서로 독립적이라는 사고
에 기초하고 있다. 자연 공동체에서는 개개의 윤택한 삶과 종간의 유
대를 통해 삶의 윤택함이 함께 엮어져 모두의 삶을 기름지게 한다.
현재 세계는 환경의 영역, 국가, 혹은 개인을 떠나 자연을 존중하고
지구를 지키고 또한 지구의 생명지원 체계를 보호하고 제3세계국가와
미래세대를 돌보기 위하여 근본적인 환경 윤리적 책임감을 가져야 한
다는 인식이 증가하고 있다.

---

8 알도 레오폴드, A Sand County Almanac. Oxford University Press(1949), 이상원
  옮김, 1999, 푸른숲.

4. 지구적 환경윤리

미래를 향한 가장 중요한 질문 중의 하나는 "세계의 모든 국가들이 정치적인 견해의 다름을 무릅쓰고라도 환경문제 해결을 위해 공동으로 행동을 취할 수 있을까"일 것이다. 1972년 스웨덴의 스톡홀름에서 열린 유엔환경회의는 그 올바른 방향을 향한 첫 걸음이었다. 이 회의를 통해 유엔환경계획(UNEP)가 창설되었고, 이 기구에서 세계의 주요 환경문제가 논의되었다. 두 번째 환경회의는 1992년 브라질의 리우데 자네이로에서 개최되었다. 이 회의는 '리우환경회의'라고 부르며 스톡홀름 유엔환경회의 20주년을 기념하고 그 정신을 계승하기 위하여 새로운 여러 가지 국제적인 문제를 다루었다. 1997년 일본의 교토에서는 기후변화협약에 관한 회의가 개최되었다. 이어 리우 환경회담의 10주년을 기념하여 요하네스버그에서 제2차 지구정상회의가 열렸고, 2015년에는 제21차 유엔기후변화협약 당사국총회가 진통 끝에 신 기후변화 대응 체제를 마련한 '파리기후협정'에 합의했다.
지구에 살고 있는 하나의 종으로서 우리는 이러한 지구환경을 지키기 위한 여러 국제회의를 통하여 우리 공동의 환경문제를 해결하기 위하여 노력하고 있으며 이러한 노력을 통하여 지구적인 환경윤리를 획득할 수 있을 것이다.

1) 스톡홀름 인간환경회의

1962년 미국 여성 해양생물학자 레이첼 카슨이 출간한 <침묵의 봄 Silent Spring>은 20세기 환경학 최고의 고전으로, 이 책은 환경 문제의 심각성과 중요성을 우리들에게 최초로 경고하였다. 이 책에 따르면 미시간 주의 이스트랜싱市는 느릅나무를 갉아먹는 딱정벌레를 박멸시키고자 나무에 DDT를 살포했다. 가을에 나뭇잎이 땅에 떨어지자 벌레들이 그 나뭇잎을 먹었다. 봄에 다시 돌아온 울새들이 이 벌레들을 잡아먹었다. 그리고 1주일도 못돼 이스트랜싱의 거의 모든 울새들이 죽었다. 이 같은 사실을 폭로한 카슨은 그녀의 저서 <침묵의

봄>에 이렇게 썼다. "낯선 정적이 감돌았다. 새들은 도대체 어디로 가버린 것일까?" 이런 상황에 놀란 마을 사람들은 자취를 감춘 새에 대해 이야기했다. … 전에는 아침이면 울새, 검정지빠귀, 산비둘기, 어치, 굴뚝새 등 온갖 새의 합창이 울려 퍼지곤 했는데 이제는 아무런 소리도 들리지 않았다. 들판과 숲과 습지에 오직 침묵만이 감돌았다."[9] 그녀는 이 책에서 미국 내에서의 무분별한 DDT 사용에 대한 환경적인 영향과, 환경에 뿌려진 화학물질이 생태계나 사람의 건강에 끼치는 영향을 논리적으로 설명하였다. 또 이 책은 DDT와 다른 살충제가 암을 일으킬 수 있다는 것과, 농업에 쓰는 화학물질이 야생동물과 여러 조류를 위협하고 있다는 점을 경고하였다. 이 책의 영향으로 마침내 1972년 미국 상원은 미국 내에서 유기염소 계열의 살충제이자 농약인 DDT의 사용을 전면 금지하는 "연방 살충제, 버섯 및 곰팡이 제거제, 설치류 제거제에 관한 법"안을 통과시켰다. 한편 1970년 닉슨 행정부가 미국 환경보호청(Environmental Protection Agency)을 설립한 것도 카슨의 영향에 의한 것이었다. 그때까지는 미국 농무부가 농약의 규제와 농업에 관한 사항을 동시에 담당했었다.

20세기는 과학기술의 시대이자 석유문명의 시대였다. 200년 전 싹 튼 산업혁명의 꽃을 피우고자 20세기의 사람들은 자연과 거기서 나올 수 있는 에너지를 아낌없이 써버렸다. 그러나 20세기 후반에 접어들 기 시작하면서 이와 같은 자연 낭비에 제동이 걸리기 시작했다. 특히 70년대 들어 세계인들은 이상하게 불길한 자연 현상들을 연달아 경험했다. 만년설과 빙하가 전 세계적으로 15%나 증가했다. 그린란드에서는 100년 만의 최저 온도가 기록됐다. 모스크바에는 수 세기 이래 최악의 가뭄이 들었고, 미국은 일련의 극심한 홍수를 겪었다. 일부 선각자들은 이 같은 현상이 인간의 탐욕과 공업화가 빚은 자연 파괴의 결과라는 점을 경고하기 시작했다.

스톡홀름에서 유엔환경회의가 처음 열리고 여기에 114개국이나 되는

---

9 레이첼 카슨, 침묵의 봄, 김은령 옮김, 2011, 에코 리브르, p.26.

나라의 대표들이 참석한 것은 사람들이 환경문제의 절박함을 깨달은 결과였다

1972년 6월 5일, 스웨덴 스톡홀름에서 열린 제1차 유엔인간환경회의 (United Nations Conference on the Human Environment, UNCHE)는 당시의 보통 세계인들이 보기엔 아주 생소한 모임이었다. 이 회담이 열렸던 당시는 동서냉전시대로서 양 진영이 핵무기경쟁을 벌이고 있었다. "인간환경회의"라는 명칭도 새로운 것이었지만, 이런 낯선 주제 모임에 114개국 1,200여 명이나 되는 대표들이 참가했다는 것도 당시로서는 정상이 아니었다. 11일 간에 걸친 회의는 논란으로 정회를 거듭했

그림 1-4
1972년 스톡홀름
UN인간환경회의
(UNCHE) 회의 모습

다. 회의장 앞은 연일 반전론자들, 공해 −오염 피해자들, 고래 남획 근절을 요구하는 젊은이들의 항의집회로 분위기가 어수선했다고 한다. 그러나 이 회의는 자연에 관한 인간의 인식 체계를 근본적으로 바꾼 계기가 됐다는 점에서 훗날 학자들은 이 모임을 코페르니쿠스의 지동설에 비유했다(그림 1-4).

스톡홀름 유엔환경회의 참석자들은 마지막 날 "지구는 하나"라는 제목의 인간환경 선언문을 채택했다. 이듬해인 1973년부터 사람들은 스톡홀름회의 개막일이었던 6월 5일을 「세계환경의 날」로 지정하여 1년에 단 하루만이라도 지구와 환경을 생각하는 날로 삼아오고 있다. 우리나라에서도 1996년부터 6월 5일을 법정기념일인 '환경의 날'로 정했다.

2) 리우환경회의

1992년 6월 3일 브라질 리우데자네이로에서는 사상 최대 규모의 국제회의가 개막되었다. "유엔환경개발회의(United Nations Conference on Environment and Development: UNCED)"란 공식 명칭의 이 회의는 정부 대표들이 참가한 지구정상회담(Earth Summit)과 민간환경단체들이 개

최한 지구포럼(Global Forum)으로 이루어졌다. 유엔은 1972년 스웨덴 스톡홀름에서 열렸던 최초의 세계적 환경회의인 "스톡홀름 유엔인간 환경회의" 20주년을 기념하는 국제환경회의를 개최하기 위해 1989년 부터 8차례나 대규모 준비회의를 개최하며 심혈을 기울였다.

지구정상회담의 경우 미국 등 114개국이 국가원수 또는 정부수반이 이끄는 대표단을 파견하는 등 178개국과 국제기구에서 8,000여 명이 참석했다. 지구포럼 역시 전 세계로부터 약 7,900개의 민간환경단체 가 참가했다. 보통 리우환경회의로 불리게 된 이 회의는 경제개발로 인해 날로 악화되고 있는 지구의 생태계를 보호하기 위해 마련된 것 이었다(그림 1-5).

그림 1-5
1992년 리우환경
회의 모습

리우환경회의는 지구온난화, 대양오염, 기술이전, 산림보호, 인구조절, 동식물 보호, 환경을 고려한 자연개발 등 7개 의제를 놓고 12일간 열 띤 토론을 벌였다. 그 결과 "환경과 개발에 대한 리우선언"이 발표됐 고 환경 문제 해결을 위해 실천해야 할 원칙을 담은 "의제 21(Agenda 21)"이 채택되었으며 리우환경회의의 성과를 지속적으로 추진하기 위 한 기구인 지속개발위원회(CSD)를 설치했다.

리우환경회의의 최대 성과는 개발과 환경보호라는 양립하기 어려운 목 표를 동시에 추구하기 위해 "지속가능한 개발"(Sustainable Development) 이라는 개념을 제시한 것이었다. 또 민간 환경단체들이 회의 기획 단계부터 참여했고 많은 나라가 이들을 정부대표단에 포함시킨 점도 고무적이었다. 리우환경회담에서 채택된 주요 내용을 살펴보면 다음과 같다.

① **환경과 개발에 관한 리우선언**은 지속가능한 개발을 위한 27개의 국가행동원칙을 담고 있다. 이 선언은 후진국과 선진국의 합의에 의한 예비회담을 통해 구성되었으며, 후속 논의는 결론에 이르지 못할 것을 염려하여 더 이상의 협의가 없이 채택되었다.
② 21세기 지역, 국가, 나아가 전 지구적 행동계획인 **의제 21(Agenda 21)**은 현재의 환경문제를 언급하고 지속가능한 개발을 위한 수 백 쪽의 구체적인 행동계획을 포함하고 있다. 의제 21은 여러 국가들이 오랫동안 관여해온 유엔의 경제, 사회, 환경업무에 대한 "전 지구적인 행동계획"의 일치된 의견수립을 위한 절차에 관한 내용도 포함되어 있다.
③ 지구정상회담의 세 번째 공식문서인 **삼림원칙**은 모든 종류의 삼림의 관리, 보존, 지속가능한 개발에 관한 전 지구적으로 일치된 의견을 위한 비법적으로 부여된 정부원칙을 천명한 것을 말한다.
④ **생물다양성협약**은 생물종의 멸종을 방지하기 위한 협약으로, 주로 삼림보호를 목표로 한 것이다.
⑤ **기후변화에 관한 유엔 기본협약**은 지구온난화의 주범인 이산화탄소 같은 화석연료의 배출가스 규제를 목표로 한 협약이다.

3) 교토의정서

최근 몇 년 사이에 지구 전체가 이상 기후에 휩싸이고 있다. "지구 온난화"가 그 원인이라는 것은 모두가 인정하고 있으며, 대다수 학자들은 그 주범으로서 "온실가스", 그 중에서도 단연 이산화탄소를 꼽는다. 얼마 전 유엔은 "지구 온난화는 급속히 진행 중이며, 그 결말은 인류의 파국일 것"이라고 경고했다.

금세기에 들어와 더욱 가속화된 산업화 현상은 석탄과 석유를 포함한 화석연료 사용의 급증으로 이어졌으며, 여기에서 배출되는 온실가스의 영향으로 지구온난화현상이 심화되고 해수면이 높아지며 이상 기후가 나타나는 등 심각한 기후변화를 일으키고 있다. 이러한 대기 중의 6대 온실가스, 즉 이산화탄소(CO_2), 메탄(CH_4), 아산화질소(N_2O), 수소불화탄소(HFCs), 과불화탄소(PFCs), 육불화황(SF_6)을 기후에 위험한 영향을 미치지 않는 수준으로 안정화하기 위해 채택된 것이 1992년 기후변화협약(UN Framework Convention on Climate Change: UNFCCC)이다. 우리나라도 1993년 기후변화협약에 가입했다.

교토의정서는 유엔기후변화협약(UNFCCC)을 이행하기 위해 만들어진 국가 간 이행 협약으로, 교토기후협약이라고도 한다. 1997년 12월 일본 교토(京都)에서 개최된 UNFCCC 제3차 당사국 총회에서 채택되었으며, 미국과 오스트레일리아가 비준하지 않은 상태로 2005년 2월 16일 공식 발효되었다.

세계적으로 지구 온난화에 대한 과학적 근거가 필요하다는 인식이 확산되면서 1988년 유엔환경계획(UNEP)과 세계기상기구(WMO)는 '기후변화에 관한 정부 간 협의체'(IPCC)를 설립하고, 1992년 6월 브라질 리우데자네이루 UN환경개발회의에서 이산화탄소 등 온실가스 증가에 따른 지구온난화에 대처하기 위해 기후변화협약을 채택했다. 이렇게 마련된 기후변화협약은 절차에 관한 규정 등 많은 쟁점들이 미결 상태로 남게 되어 또 다른 협상이 요구되었으며, 이것이 교토의정서 형태로 추진되었다.

주요 내용은 유럽연합(EU), 일본 등 지구온난화에 역사적으로 책임이 많은 선진국은 제1차 의무감축 기간인 2008~12년에 1990년 배출수준과 대비하여 평균 5.2%의 온실가스를 줄여야 한다. 이러한 의무 감축국가를 부속서I 국가(Annex I)라 하며, 38개국이 포함되어 있다. 비부속서국가(Non-Annex)라 불리는 대부분의 개발도상국(한국·중국 포함)은 온실가스 의무감축국은 아니다. 그러나 한국의 경우 제2차 공약기간이 시작되는 2013년부터는 부속서I 국가로 분류되어 온실가스 배출량을 의무적으로 감축해야 할 가능성이 매우 높다(그림 1-6).

교토의정서에서 온실가스 감축목표가 구체적으로 정해짐에 따라 온실가스를 효율적으로 감축하기 위해 배출권거래제도(Emission Trading)와

그림 1-6
한국의 온실가스
총배출량[10]

공동이행제도(Joint Implementation), 청정개발제도(Clean Development Mechanism)를 도입했는데, 이를 교토메커니즘이라 한다. 이러한 제도들은 낮은 비용의 온실가스 감축사업을 통해 온실가스 감축에 소요되는 사회적 비용을 최소화시킴으로써 감축목표를 달성하려는 취지 아래 강구된 것들이다.

배출권거래제도는 어느 국가가 자국에 부여된 할당량 미만으로 온실가스를 배출하게 되면 그 여유분을 다른 국가에 팔 수 있고, 반대로 할당량을 초과하여 배출하는 국가는 초과분에 해당하는 배출권을 다른 국가로부터 사들이도록 한 것이다. 공동이행제도는 부속서I 국가가 다른 선진국의 온실가스 감축사업에 투자하여 얻은 온실가스 감축분을 자국의 온실가스 감축에 사용하는 방법이다.

청정개발제도는 선진국에는 감축비용 감소를, 개발도상국에는 재정 및 기술지원을 제공하는 제도로서, 선진국이 개발도상국 내에서 온실가스 감축사업에 투자하여 발생한 온실가스 감축분을 자국의 감축목표 달성에 사용하는 방법이다. 제재되는 6가지의 온실가스는 이산화탄소(CO_2), 메탄(CH_4), 아산화질소(N_2O), 과불화탄소(PFCs), 수소불화탄소(HFC), 육불화황(SF_6)인데, 이 가운데 배출량이 가장 많은 것이 이산

---

10 http://www.index.go.kr/potal/main/EachDtlPageDetail.do?idx_cd=1464 2017년 2월 27일 검색.

화탄소이므로 일반적으로 배출권이라 하면 탄소배출권을 말한다.

교토메커니즘과 의무준수체계, 흡수원(산림)에 관한 세부절차는 2001
년 11월 모로코의 마라케시에서 열린 제7차 당사국 총회에서 일부 타
결되었고, 2004년 12월 아르헨티나 부에노스아이레스에서 열린 제10
차 당사국 총회에서 최종 타결되었다.

2013년 폴란드 바르샤바에서 열린 19차 당사국 총회에서 모든 나라
가 2020년 이후의 '국가별 온실가스 감축기여 방안'(INDC)을 자체적으
로 결정해 2015년 파리에서 열린 COP21 개최 전에 UNFCCC 사무국
에 제출하도록 합의했다.

4) 요하네스버그 지구정상회의

2002년 남아프리카공화국의 요하네스버그에서는 제2차 지속가능한
개발을 위한 세계정상회의(World Summit on Sustainable Development:
WSSD)가 개최되었다. 이 회의는 1992년 리우회의에서 채택된 리우선
언과 의제 21(Agenda 21)의 성과를 평가하고 미래의 이행전략을 마련
하기 위한 것으로, 106개국에서 국가원수급 대표단과 189개 유엔 회
원국 정부 및 비정부기구(NGOs) 대표단 6만여명이 참석하였다. 리우
회의가 열린 지 10년 만에 개최되었다고 해서 '리우＋10 회의'라고도
부른다(그림 1-7).

그림 1-7
요하네스버그에서는 제2차
지속가능한 개발을 위한
세계정상회의 로고

리우회의 이후 10년 동안 환경파괴와 자원고갈 및 빈곤문제는 더 심화되고 개도국에 대한 재정지원과 기술이전이 실현되지 않는 등 리우회의에서 약속했던 목표는 제대로 달성되지 못했다. 리우선언과 의제 21에 구체적인 이행수단이 마련되어 있지 않아 약속을 지키는 데 일정한 한계가 있었기 때문이다.

요하네스버그회의는 이를 보완하기 위해 빈곤, 물 부족, 보건위생, 대체 에너지원, 무역불균형 등 다양한 의제에 대해 구체적인 실천방안이 포함된 선언문과 이행계획을 세운다는 목표하에 개최되었다. 이 회의에서는 특히 빈곤퇴치를 주요의제로 삼고 개도국에 대한 재정 지원, 무역불균형 시정 등 개도국의 빈곤 심화를 막기 위한 여러 가지 논의가 있었다. 그러나 선진국과 개도국의 대립, 미국의 비협조 등으로 합의를 이루는 데에는 많은 어려움이 있었다.

요하네스버그회의는 깨끗한 식수와 위생시설에 접근하지 못하는 세계 인구를 감축하고 빈곤퇴치를 위한 세계연대기금(WSF)을 설립하는 등 빈곤퇴치와 화학물질 사용 억제, 자연자원의 보전·관리에 중점을 둔 이행계획을 채택했다는 점에서 일정한 성과를 거둔 것으로 평가되고 있다. 그러나 애초의 목표와는 달리 이행계획에 구체적 실천방안과 이행시한이 제시되지 못했다는 점에서 단순한 정치적 선언에 지나지 않는다는 비난도 따르고 있다. 대체에너지 사용의 경우 EU와 미국 간의 의견 대립으로 목표연도나 사용비율이 설정되지 못하였고, 모든 수출 보조금을 단계적으로 축소한다는 부국들의 입장은 재확인한 반면, 개발원조의 목표(국민소득의 0.7% 제공) 달성의 구체적 시한을 설정하지 않는 등 이행계획을 실제로 이행하기 위한 조치가 뒷받침되지 못하였기 때문이다. 이로 인해 세계야생동물보호기금(WWF), 그린피스, 지구의 친구들 등 국제환경단체들이 크게 반발을 하였다.

5) 파리기후협정[11]

지구온난화를 막고자 2015년 12월 12일 195개 유엔 기후변화협약 당사국은 파리인근 르부르제 전시장에서 2020년 이후 새로운 기후변화 체제 수립을 위한 최종 합의문에 서명했다. 1997년 채택된 교토의정서는 선진국에만 온실가스 감축 의무를 지웠지만 파리 협정은 선진국과 개도국 모두 책임을 분담하기로 하면서 전 세계가 기후 재앙을 막는데 동참하게 되었다. 이번 협정에는 산업화 이전(1850년대) 대비 지구의 평균 온도상승을 '2도보다 훨씬 아래로 유지하고, 장기적으로 1.5도 이하로 제한하기 위해 노력한다'는 내용이 포함되었다. 금세기 후반 이산화탄소 순 배출량을 '0'으로 만든다는 것도 의미심장한 진전이라고 할 수 있다. 파리협정은 화석연료 시대의 종식을 선언한 것이다. 온도 상승폭을 제한하기 위해 한국을 포함해 180개국 이상은 이번 총회를 앞두고 2025년 또는 2030년까지 온실가스를 얼마나 줄일 것인지 감축목표(INDC)를 유엔에 전달했다. 이번에는 각국이 정한 온실가스 감축 목표를 5년마다 검토하는 검증시스템을 마련하였다. 그리고 당사국들은 합의문에서 금세기 후반기에는 인간의 온실 가스 배출량과 지구가 이를 흡수하는 능력이 균형을 이루도록 촉구했다. 온실가스를 좀 더 오랜 기간 배출해온 선진국이 더 많은 책임을 지고 개도국의 기후변화 대처를 지원하는 내용도 합의문에 포함됐다. 선진국은 2020년부터 개도국의 기후변화 대처 사업에 매년 최소 1천억 달러(약 118조 1천 500억 원)를 지원하기로 했다. 이 협정은 구속력이 있으며 2023년부터 5년마다 당사국이 탄소 감축 약속을 지키는지 검토하기로 했다(그림 1-8).

---

11 http://news.khan.co.kr/kh_news/khan_art_view.html?artid=201512132055095&code=990101&s_code=ah669 "첫 기후대응체제 출범" 참고. 2017년 2월 23일 검색.

그림 1-8
2015년 12월 프랑스 파리에서 개최된 제21차 기후변화협약 당사국총회(COP21)에서 주요 참석자들이 신기후체제인 '파리협정'의 타결 소식을 전하며 환호하고 있다.

하지만 협정문을 보면 우선 당사국이 온실가스 감축 목표를 자발적으로 정할 수 있게 함으로써 근본적인 한계를 드러냈었으며, 감축안 제출 뒤 검증을 받지만 당사국이 정한 감축 목표는 개입할 수 없는 등 법적 구속력이 거의 없다. 그러니 각국이 임의로 감축 목표를 바꿔도 제재할 법적인 장치가 없다. 지금까지 세계 187개국이 제출한 자발적인 온실가스 감축량만으로는 지구의 평균온도를 2.7도 상승으로 묶을 수 있을 뿐이다. 국가별 감축 목표를 강제하지 못하면 이번 협정의 최종 목표인 1.5도 이하는커녕 2도 이하 목표도 실속이 없는 말에 불과하다. 그러나 파리협정은 공멸의 위기감을 느낀 국제사회가 총회 일정을 늦추면서까지 얻어낸 첫 성과였다. 이로서 한국도 거스를 수 없는 신기후체제의 틀에 적극 동참하게 되었으며 선진국과 개도국 사이에서 적극적인 리더십을 발휘해야 할 때가 되었다.

환경의 특성

02

근대 디자인이 탄생했던 19세기 산업혁명 이후 급속한 과학기술의 발달과 함께 인구의 급증, 도시화 그리고 공업화 등으로 인류의 생활터전인 환경이 크게 위협받고 있다. 또한 환경을 외면한 경제개발 정책은 미래에 인류의 생존기반 자체를 허물어 버릴 것이라는 환경위기의식이 점차 고조되고 있으며, 환경문제는 지구적인 관심으로 등장했다. 환경문제 발생은 지금까지 인간을 위해 만들어지는 각종 공업제품과 건축물에서부터 농수산물에 이르기까지 이 모든 디자인 제품의 생산과정이 그 원인 제공자였다. 인간의 요구를 충족시키기 위해 디자인으로 인해 만들어지는 모든 원자재의 구입, 운반 제조에 쓰이는 에너지부터 제품 제조과정과 상품수송에서 판매까지 그리고 소비자에 의해 이용되고 폐기되는 모든 과정에서 엔트로피, 즉 쓰레기가 발생한다. 이 엔트로피 중 요즘 급속하게 진행되는 지구온난화의 주범이 있는데 화석연료를 사용하면 발생되는 이산화탄소다(그림 2-1).

빅터 파파넥은 "환경 생태의 균형은 지구상의 모든 인간의 삶에 가장 기초적인 토대가 된다. 즉 생태적 균형 없이는 삶도 문화도 존재할 수 없는 것이다. 디자인은 제품이나 도구, 기계, 인공물 등을 발전시키는 데 초점을 맞추고 있고, 이러한 행위는 생태계에 매우 직접적이고 심오한 영향을 미친다. 따라서 생태계에 대한 디자인의 태도는 적극적이며 통일되어야 한다. 이와 더불어 디자인은 문화의 필요성, 생태성 사이에 적절한 다리를 놓아 주어야 한다."[1]고 주장하면서 제품 디자이너의 환경문제에 대한 인식 전환을 요구했다. 환경에 대한 인식 전환을 위해서는 무엇보다 디자이너들이 환경의 특성에 대한 이해가 우선되어야 할 것이다.

환경문제는 개별적 문제들의 단순한 혼합물이 아니라 문제 간에 상호연결된 복합체로 파악될 수 있으며, 그 구조의 특징을 살펴보면 대체로 다음과 같은 몇 가지의 특성을 지니고 있다. 이러한 환경의 특성에 관한 이해는 미래세대를 위한 지속가능한 디자인 분야에서 반드시 숙지해야 할 내용이라고 생각한다. 특성이라 함은 일정한 사물에만 있는 특수한 성질을 말한다. 디자이너들이 숙지해야 할 환경의 특성에는 다음과 같은 5가지가 있다.

그림 2-1
인간을 위한 각종
제품을 만드는 공장에서
내뿜는 대기오염

1. 상호관련성

상호관련이란 세상의 모든 만물이나 현상이 일정하게 서로 관계를 맺고 있다는 말이다. 환경문제는 상호작용하는 여러 환경변수들에 의해 발생하므로 상호간에 인과관계가 성립되어 문제해결을 더욱 어렵게 하고, 또한 이러한 문제들끼리 상승작용을 일으켜 그 심각성을 더해 가며, 상승작용은 오염의 경우에 뚜렷하게 나타나는데, 각 오염물질은 서로 화학반응을 일으켜 더 큰 문제를 유발하기도 한다.

상호관련성의 예로 산성비를 들 수 있는데 산성 물질은 사람을 위한 디자인제품인 자동차, 그것을 생산하는 공장, 공장에 전력을 공급하는 발전소 등에서 석탄이나 석유 같은 화석 연료를 태울 때 나오는 이산화황과 질소산화물이 공기 중의 수증기에 녹아 만들어진다. 이렇게 만들어진 산성 물질이 빗물이 되어 땅으로 떨어지는 것을 우리는 산성비라고 부른다(그림 2-2). 이러한 이산화황과 질소산화물은 비나

---

1 빅터 파파넥, 녹색위기, 조영식 외 옮김 2011, 서울하우스.

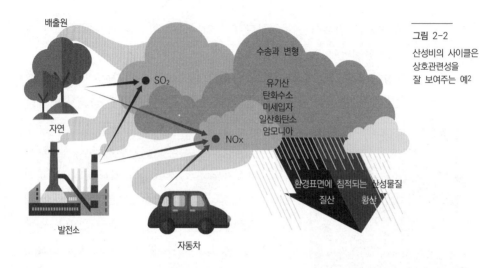

그림 2-2
산성비의 사이클은
상호관련성을
잘 보여주는 예[2]

눈에 섞여 호수나 강 속의 물고기들에게 피해를 주며 특히 농작물이
나 삼림에 심각한 피해를 준다. 그리고 수도관을 부식시켜 중금속 오
염을 유발하고 철근 콘크리트 건물에 나쁜 영향을 끼쳐 건물의 수명
이 단축되거나 호수로 흘러들어 호수 생태계를 파괴하고 농지를 산성
화시켜 농작물의 수확량도 줄어든다. 이러한 토양의 산성화로 인한
식물과 생태계의 오염은 피해는 결국 인간에게 피해를 가져다 줄 수
있다.

2. 광역성

영국의 대기오염물질의 이동으로 노르웨이 토양 산성화 및 대기를 오
염시키고, 알사스에 있는 프랑스 석탄광산의 배출물은 벨기에와 네덜
란드에 있는 라인강 하류의 물고기를 죽이며, 미국 서부의 공업단지
에서 배출되는 대기오염물질 이동으로 인한 캐나다 산림파괴와 호소
(湖沼)의 산성화 등을 일으키기도 한다. 이처럼 오늘날 환경문제는 어

---

2 김종욱 외 옮김, 환경과학개론, 2001, 서울: 북스힐. p.355.

느 한 지역, 한 국가만의 문제가 아니라 범지구적, 국제간의 문제이며 "개방체계"적인 환경의 특성에 따라 공간적으로 광범위한 영향권을 형성한다. 이를 광역성이라고 한다. 고비사막에서 발원한 황사는 황하를 타고 중국 동남연해까지 내려와 황해를 건너 한반도에 황화를 안겨준 뒤 태평양 너머 미국까지 날아간다. 특히 한반도의 황사가 무서운 것은 중국의 공업지대인 동남연해의 각종 오염물질을 포함하고 있기 때문이다. 정작 원인제공자인 중국인은 모래바람만 쏘이면 그만이지만 한국인은 오염물질까지 뒤집어써야 한다(그림 2-3).

그림 2-3
광역성의 대표적인 예인 황사의 이동경로를 보여 주는 그림3

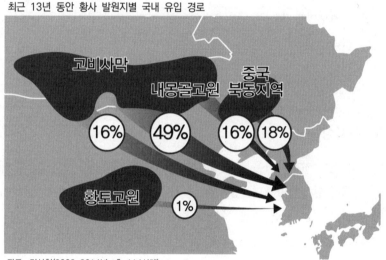

최근 13년 동안 황사 발원지별 국내 유입 경로

자료: 기상청(2002~2014년, 총 114사례)

황사 발원지의 면적은 사막이 48만㎢, 황토고원 30만㎢에 인근 모래 땅까지 합하면 한반도 면적의 약 4배나 된다고 한다. 이 황사발원지는 가깝게는 만주지역(거리 약 1,000㎞)에서부터 멀리는 타클라마칸 사막(거리 약 5,000㎞)까지 분포한다. 황사의 원인인 사막화는 과도한 방목으로 가축은 자연 재생능력을 넘어서는 양의 식물을 먹어치우고, 발굽으로 인한 토지 답압으로 더 이상 초지가 재생되지 못하여 진행

3 http://ecotopia.hani.co.kr/276109 2017년 2월 27일 검색.

된 인간이 만든 재난이다. 또한 농업용수가 부족한 건조 지역에 관개
시설을 설치하여 무분별하게 지하의 수자원을 마르게 함으로써 토양
건조와 염류화를 초래하였기 때문이다.[4]

이런 점에서 환경문제의 논의는 불특정 다수와의 관계를 광범위하게
다루게 하며, 경우에 따라서는 어느 지역의 문제에서부터 국가 간의
문제까지 포함한다. 환경문제는 하나뿐인 지구의 보호를 대전제로 하
는 지구보전과 광역적인 통제를 필요로 하며, 인접국가간의 환경문제
의 해결과 관리를 위한 국제협약 등 국가 간의 협력 없이는 소기의
목적을 달성할 수 없다고 하겠다. 국가 간 영토는 그 영역이 분명하
지만 환경오염물질의 이동은 그 영역이 따로 정해져 있지 않음을 알
아야 한다.

3. 시차성

미국의 러브 커넬사건은 유해폐기물을 매립 후 30~40년이 지난 후에
그 피해가 발생하였으며, 일본의 공해병으로 알려진 미나마따병과 이
따이이따이병도 오랜 기간 동안 배출된 오염물질의 영향이었다. 이처
럼 환경문제는 문제의 발생과 이로 인한 영향이 현실적으로 나타나게
되는 데는 상당한 시차가 존재하게 되는 경우가 많다. 이를 우리는
환경의 특성 중 시차성이라고 부른다. 환경문제는 일단 표면화된 후
에 규제를 해도 유해한 영향이 최종적으로 감소할 때까지는 긴 시간
이 소요되며, 어떤 경우에는 회복조차 거의 불가능한 경우도 있다. 그
렇기 때문에 이미 문제가 표면화된 경우에 제어를 시도하면 그때는
이미 문제가 심각해져 제어할 수 없는 상태가 되므로 환경문제는 절
대적인 사전예방적 행동이 무엇보다도 중요하다고 하겠다. 그리고 인
간의 인체는 오염을 반응하는 시간이 느리기 때문에 심한 경우에는

---

4 http://ecotopia.hani.co.kr/276109 2017년 2월 27일 검색.

원상태로 회복될 수 없을 정도로 악화된 연후에 영향을 발견하는 일이 허다하다. 특히 1942년부터 10년 동안 미국의 후커 화학 회사(Hooker Chemical Company, 나중에 옥시덴탈 정유회사 Occidental Petroleum Corporation로 이름을 바꿈)는 나이아가라폭포 인근에 위치한 러브 커낼(Love Canal)에 2만 2천 톤의 클로로벤젠, 염소, 다이옥신 같은 유독성 물질을 포함한 산업 폐기물을 매립하고 그곳을 나이아가라폭포 학교위원회에 단 1달러에 팔고 떠났다. 본래 러브 커낼은 건설되다 중지된 운하였다. 1892년 사업가 윌리엄 러브가 나이아가라 폭포 근처에 발전소를 세우려고 운하를 건설하다 경제 불황으로 회사는 파산하고 길이 1.6km, 폭 14m, 깊이 3~12m의 운하 건설도 8년 만에 중단되면서 러브 커낼이라는 이름으로 방치되었다. 그 뒤 학교위원회가 러브 커낼에 학교와 마을을 만들었다. 30년 후인 1970년대가 되자 마을 사람들은 피부병과 호흡기 질환에 걸리거나 아기를 유산하자 1976년 그곳 신문사가 산업폐기물 매립에 대한 사실을 보도했다. 1978년 매립된 폐기물을 걷어내자 사람들은 모두 다른 곳으로 이주를 하고, 러브 커낼은 아무도 살지 않는 황폐한 땅으로 남았는데 이 사건은 미래 세대를 전혀 고려하지 않은 미국의 대표적인 오점으로 남은 환경사건이 되었다(그림 2-4).

그림 2-4
러브 커낼 사고에
항의하는
사람의 모습[5]

당시 대통령 지미 카터는 1978년 8월 7일 러브커낼지역을 국가 보건 긴급 재난지역으로 선포했고 연방 기금을 배정해줄 것을 요청했다. 자연 재난이 아닌 곳에 연방 긴급 기금을 사용한 것은 러브 커낼이 미국 역사상 처음 있는 일이었다고 한다. 1978년 러브 커낼 사건은 전국적인 뉴스가 됐으며 언론은 이 사건을 "공중 보건 시한폭탄", "미국 역사상 가장 소름끼치는 비극 가운데 하나"[6]이며 환경의 특성인 시차성을 보여주는 대표적인 환경오염사건이다.

5 https://en.wikipedia.org/wiki/Love_Canal#/media/File:Love_Canal_protest.jpg 2017년 3월 23일 검색.

6 http://www.pressian.com/news/article.html?no=66347 2017년 2월 27일 검색.

4. 탄력성과 비가역성

탄력성이란 물체(物體), 특히 용수철처럼 외부의 힘으로 당겼을 때 원
래대로 돌아가려는 성질(性質)을 말하며 비가역성이란 용수철을 너무
자주 잡아당기면 변화를 일으킨 용수철이 본래의 상태로 돌아오지 않
는 성질이다. 이처럼 환경문제는 일종의 용수
철과도 같다(그림 2-5). 어느 정도의 환경악화
는 환경이 갖는 자체정화 능력 즉, 자정작용
에 의하여 쉽게 회복된다. 자정작용(自淨作用)
이란 자연 생태계에서 인간이 어떠한 처리 행
위를 하지 않아도 공기나 물에 포함되어 있는

그림 2-5
환경문제는
용수철처럼
탄력성과 비가역성의
특성이 있다.

오염 물질이 스스로 정화되는 능력을 가리킨다. 이러한 과정은 물리
적, 화학적, 생물학적 작용의 결과물이다. 자정작용은 물속에서 뿐만
아니라 대기 중에서도 활발하게 이루어지고 있다. 오염된 공기를 희
석해주는 바람, 대기오염 물질을 씻어내는 비, 오염된 공기를 여과시
켜 깨끗한 공기를 공급해주는 나무가 자정작용을 담당하고 있다.
그러나 환경의 자정능력을 초과하는 많은 오염물질량이 유입되면 자
정능력 범위를 초과하여 충분한 자정작용이 불가능해진다. 물의 경우,
수중에 오염물질이 축적되면 부영양화 현상과 같은 수질오염현상이
일어나 플랑크톤이 과도하게 번식하고 정화기능을 저하시킨다. 이런
경우 생태계의 부(Negative)의 기능이 강화되고, 정(Positive)의 기능이
약화됨으로써 환경악화가 가속화되고 심한 경우 원상회복이 어렵거나
불가능하게 된다. 자연자원은 많을수록 회복탄력성이 좋지만 파괴될수
록 복원력이 떨어진다. 이것을 환경의 탄력성과 비가역성이라고 한다.
한편 환경경제학의 원칙 중 예방원칙은 주로 보건상의 이유로 시장거
래가 제한되는 근거가 되며, 광우병, 유전자조작생물(GMO) 등이 대표
적인 예이다. 이 예방원칙은 환경의 특성 중 비가역성에 의해 성립된
다고 한다.[7]

5. 엔트로피 증가

열역학 제1법칙은 에너지 보존의 법칙으로 에너지는 형태가 변할 수 있을 뿐 새로 만들어지거나 없어질 수 없다는 이론이다. 이 법칙으로는 환경의 특성을 설명하기가 곤란하다. 그러나 열역학 제2법칙은 우주의 전체 에너지의 양은 일정하고 전체 엔트로피는 항상 증가한다는 법칙이다. 즉, 엔트로피 증가의 법칙을 말한다. 자연계에는 한쪽 방향으로는 일어나지만 반대 방향으로는 절대 일어나지 않는 사건들이 많다. 사회학자 제레미 레프킨은 특히 엔트로피에 대해 깊은 관심을 가지고 있었다. 그의 저서 '엔트로피'에서 그는 엔트로피에 대해 여러 현상들이 어떤 방향으로 진행되겠는가를 우리에게 알려준다. 어떤 현상이든 간에 그것은 질서가 있는 것에서 무질서한 것으로, 간단한 것에서 복잡한 것으로, 사용가능한 것에서 사용불가능한 것으로, 차이가 있는 것에서 차이가 없는 것으로, 분류된 것에서 혼합된 것으로 진행된다고 했다. 간단히 엔트로피의 증가라 함은 『사용가능한 에너지(Available energy)』가 『사용불가능한 에너지(Unavailable energy)』의 상태로 변하는 현상을 말한다. 그러므로 엔트로피 증가는 사용가능한 에너지, 즉 자원의 감소를 뜻하며, 환경에서 무슨 일이 일어날 때마다 얼마간의 에너지는 사용불가능한 에너지로 끝이 난다. 이런 사용불가능한 에너지가 바로 「환경오염」을 뜻한다고 할 수 있다. 대기오염, 수질오염, 쓰레기의 발생은 모두 엔트로피증가를 가중시킨다. 환경오염은 엔트로피증가에 대한 또 다른 이름이라고도 할 수 있으며 사용불가능한 에너지에 대한 척도가 될 수 있다. 지구에 살고 있는 인간들은 매년 더 많은 에너지를 사용하고 있으며 에너지를 사용할 때마다 엔트로피는 항상 증가한다. 더 많은 에너지를 사용한다는 것은 더 많은 엔트로피가 증가하고 있다는 것이다. 엔트로피가 증가하고 있다는 말은 사용가능한 에너지의 감소를 뜻하며 환경오염의 증가를 말한다.

---

7 https://ko.wikipedia.org/wiki/%ED%99%98%EA%B2%BD%EA%B2%BD%EC%A0%9C%ED%95%99 2017년 2월 27일 검색.

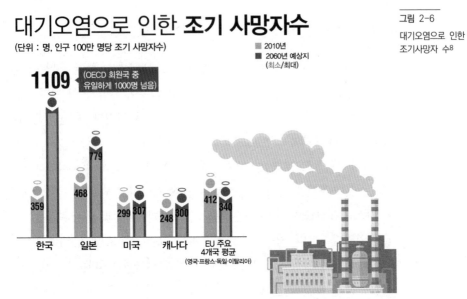

대기오염으로 인한 **조기 사망자수**

(단위 : 명, 인구 100만 명당 조기 사망자수)

■ 2010년
■ 2060년 예상지
(최소/최대)

1109 (OECD 회원국 중 유일하게 1000명 넘음)

359 468 779 299 307 248 300 412 340

한국   일본   미국   캐나다   EU 주요 4개국 평균
(영국·프랑스·독일·이탈리아)

자료: OECD, (대기오염에 의한 경제적 후속 결과)

그림 2-6
대기오염으로 인한
조기사망자 수[8]

엔트로피 증가는 다양한 모습으로 인간의 목숨을 위협하고 있다(그림 2-6). 디자이너들은 엔트로피를 줄일 수 있는 다양한 디자인 방법에 대하여 고민하여야 한다. 엔트로피를 줄이는 지속가능한 디자인은 결국 인간의 생명을 위한 디자인이기 때문이다.

---

8 http://lazion.com/2512991 2017년 2월 27일 검색.

환경의 이해

03

1. 기후변화와 지속가능한 디자인

해리 그레이엄의 유년기에 쓴 다음의 글은 기후가 우리에게 얼마나 중요한 요소인지를 잘 보여준다(그림 3-1).[1]

그림 3-1
해리 그레이엄의 글
'프라우트 주교'

BISHOP PROUT

In Burma, once, while Bishop Prout
Was preaching on Predestination,
There came a sudden waterspout
And drowned the congregation.
"O Heav'n!" he cried, "why can't you wait
Until they've handed round the plate?"

---

1 Harry Graham, Ruthless Rhymes for Heartless Homes and More Ruthless Rhymes (Hilarious Stories), 2016. Dover Publication, New York, p.56.

하루는 미얀마에서 프라우트 주교가
운명예정설에 대하여 광장에서 신자들에게 설교를 하고 있었다.
이때 갑자기 소나기가 내리자
설교를 듣고 있던 사람들이 다 흩어졌다.
이때 그는 탄식하며 다음과 같이 말했다.
"오 나의 하나님! 저희가 헌금함을 돌릴 때까지
조금만 더 기다려 주시지 말입니다."

유현준 교수의 책 <도시는 무엇으로 사는가>를 읽다보면 이런 글
이 있다. "유럽 여행을 가면 많은 건축물들이 돌로 지어져 있음을 볼
수 있다. 반면에 우리나라가 속한 동아시아에서는 나무로 건축을 한
다. 그래서 2천 년 전 로마의 건축물은 지금도 볼 수 있지만, 우리나
라의 아름다운 목조 건축물은 전쟁 중 소실되어서 남아난 것이 별로
없다. 경주에 가도 석굴암, 첨성대, 탑과 같이 돌로 만들어진 것만 진
품으로 남아 있다. 이렇듯 두 개의 문화가 다른 건축 양식을 갖는 이
유 중의 하나는 강수량의 차이이다. <중략> 비가 적게 내리는 유럽
은 벽 중심의 건축을 하기에 적당히 딱딱한 땅을 갖고 있다. 반면 집
중호우가 있는 동아시아는 땅이 무르기 때문에 벽 전체를 기초로 하
기 힘들다. 따라서 주춧돌을 놓는 스폿 기초를 사용해서 가벼운 나무
기둥을 써야 했다. 나무 기둥은 주춧돌 위에 올려서 나무 기둥뿌리가
빗물에 젖어 썩는 것을 방지하였다. 동아시아에서는 집중호우 때 빗
물의 배수를 위해 급한 경사 지붕을 쓴다."[2] 한 나라의 기후 특히 강
수량이 건축에 어떤 영향을 주었는지를 잘 보여주는 단적인 예라고
생각한다.
기후는 디자인의 형태를 결정짓는 주요한 요소다. 기후는 온도·수증
기·바람·복사열과 강우를 포함한 여러 인자들 간의 상호작용으로 생
기는 결과다. 지형·식생·물과 같이 기후는 환경의 주요 구성요소이

---

[2] 유현준, 도시는 무엇으로 사는가, 을유문화사, 2015, pp.337-339.

다. 따라서 사람들이 일반적으로 쾌적함을 느낄 수 있는 이상적인 기후라 함은 맑은 공기, 섭씨 10~26.5도 범위의 온도, 40~75% 정도의 습도, 심하게 부는 바람이나 정체해 있는 바람의 상태가 아닌 대기, 강우로부터 보호받는 상태 등을 말한다. 역사적으로 보아도 인간들은 이러한 쾌적한 기후환경을 가진 지역을 만들기에 노력해 왔으며 건축이나 조경디자인 양식에도 이러한 기후환경상태가 중요한 변수로 작용해왔다.[3]

우리나라의 온도는 지난 100년간 1.5℃ 상승하였으며, 이는 지구 평균 온도상승의 2배이다. 또한 제주지역 해수면은 지난 40년간 22cm 상승하였고, 이는 세계 평균보다 3배 높은 수치이다. 이렇게 우리나라의 기후변화 진행속도는 세계 평균보다 매우 빠르다. 이러한 영향으로 최근 몇 년 우리나라는 지금까지와는 다른 기후변화의 양상을 보이고 있다. 즉 스콜을 연상시키는 국지성 집중호우와 아열대성 고온다습과 같은 아열대성 기후를 나타내고 있다는 것이다. 2010년 어느 주간지[4]의 커버스토리 <아열대기후가 한국인 삶을 바꾼다>[5]에 따르면 2070년에 이르면 한반도 남녘에서 겨울이 사라진다고 주장하면서 지금 같은 속도로 온난화가 지속되면 고산지대를 제외한 한반도 남녘 대부분이 아열대기후로 변하면서 우리의 자녀들이 노인이 되는 즈음에 동남아와 비슷한 환경에서 삶을 영위해야 한다는 우리들의 심기를 불편하게 하는 보도를 했다. 이러한 기후변화는 생태계에서 먼저 감지되고 있다. 주요 작물의 재배지가 점차 북상하고 있다는데, 농촌진흥청이 공개한 지난 10년간 주요 농작물의 재배면적 변화 추이에 따르면 특히 사과의 경우도 겨울철 기온이 상승하면서 주재배지는 대구에서 예산으로, 안동 및 충주에서 강원도 평창, 정선, 영월로 북상

---

3 윤국병 교수는 조경양식의 탄생에 영향을 준 요소로서 기후환경요인과 더불어 국민성과 시대사조를 거론했다(윤국병, 조경사, p.22).

4 http://weekly.khan.co.kr/khnm.html?mode=view&artid=201009081820011&code=115

5 http://weekly.khan.co.kr/khnm.html?mode=view&artid=201009081820011&code=115

했다(그림 3-2). 바다도 빠른 속도로 변
하고 있는데 명태가 사라진 동해바다
에는 난류성 어종인 오징어가 대신하
고 있으며, 최근에는 희귀한 아열대성
생물들이 종종 출현하고 있다고 한다.

그림 3-2
기후변화로 인하여
대구에서는 더 이상
사과나무를 볼 수
없게 되었다.

한편, 이러한 자연의 변화는 사람들의 삶에도 변화를 불러온다. 우리
나라 기후의 특징인 사계절에 길들여 있던 의식주와 체질의 변화는
물론이고 슈퍼폭풍, 집중호우와 이상가뭄, 물 부족 사태 등에 직면할
것으로 예견된다. 특히 강수량의 증가는 주거환경에 큰 변화를 줄 것
으로 보여 제습기능의 가전제품 구비는 물론이고 습기가 많이 올라오
는 1층은 필로티 등으로 대부분 비워둘 것이다(그림 3-3). 또한 고지대
에 부촌이 형성될 가능성도 있는데, 습기가 많은 홍콩의 경우 지대가
높은 쪽에 고급주택가가 형성되어 있다. 옥상정원 등 에너지 절감형
주택문화는 이미 많은 관심을 받고 있다.

그림 3-3
필로티는 획일적인
아파트의 입면에
여러 가지 다양성을
부여하며 바람통로의
역할을 하여 오염된
공기의 교체를 원활하게
해준다.

예를 들어 조경디자인에 사용되는 식물은 자연경관 내에서는 온도를
일정하게 유지시켜 주며, 극단의 온도차를 줄여준다. 식물은 경관 내
에서 열과 빛뿐만 아니라 소리를 완화시켜주는 흡수원의 역할도 하
며, 온도를 낮추거나 온도를 안정시키기 위해 대기로 수증기를 뿜어

증산작용을 한다. 따라서 이러한 식물재료의 역할을 극대화시키기 위해서는 공사현장의 기후상태를 기록한 일반적인 기후자료를 반드시 확보해야 한다. 기상학자와의 관점과는 달리 디자이너의 관심은 최고온도와 최저온도, 강우량, 강우의 분포, 풍향, 풍속 그리고 청정일수, 안개, 눈 그리고 서리 등에 있다. 일반적으로 어느 지역의 홍수나 다른 재해의 원인이 되는 극단적인 기후의 상태는 지속적으로 기록해 왔기 때문에 어떤 특정 지역의 재해기록과 일반적인 데이터를 통하여 정확한 자료를 수집할 수가 있다. 즉, 조경디자인은 그 지역의 미기후 특성을 충분히 고려하여야 한다는 것이다.

도시는 농촌에 비하여 구성되는 물질이 현저히 다르다. 도시의 건물 표면을 이루는 돌과 콘크리트 혹은 도로의 아스팔트 같은 재료는 농촌의 토양이나 식생에 비하여 훨씬 빠르게 열을 흡수하고 전달한다. 거기에다 각종 건물이나 공장에서 나오는 인공열과 자동차의 대기오염, 그리고 고층건물은 도시의 바람통로를 막아 버린다. 아울러 도시의 배수체계는 도시에 수분이 남아 있지 않게 빠른 속도로 오수관을 통해 물을 도시 밖으로 배출해 버리며, 그 결과 도시의 온도가 농촌의 온도보다 현저하게 높다. 이를 완화시키기 위해서는 도시의 포장재료, 건물의 벽이나 옥상에 식물을 도입하는 등의 개선을 통해 일사와 열의 흡수를 개선시켜야 한다. 또 물, 수목, 대기오염조절 그리고 바람통로의 개선을 통하여 도시의 기온을 조절한다.

로스엔젤레스는 사막에 건설한 도시이다. 그러나 곳곳에 나무숲과 풀밭이 들어선 이 사막도시는 삭막하지 않다. 다만 건조한 사막성 기후가 이곳이 사막임을 알려줄 뿐이다. 그래서 로스엔젤레스에 살면서도 사람들은 여기가 사막임을 잊고 살수가 있다. 시내의 모든 나무들 밑에는 스프링클러가 달려 있어서 매일 아침저녁으로 물을 뿌려준다. 왜냐하면 연중 비가 거의 오지 않기 때문에, 콜로라도 강에서 물을 끌어다가 인공적으로 스프링클러를 통해 시내 전체의 나무와 화초를 가꾼다.

나무뿐 아니라 길가의 잡초들에게도 이 스프링클러의 혜택은 어김없이 제공된다. 고급주택의 정원에 있는 정원수며, 대학 캠퍼스의 숲을 이루는 나무 한 그루 그리고 고속도로변의 잡초에 이르기까지 모두가 인공적인 급수에 의해 자라고 있음을 생각하면 이들이 환경을 가꾸는 데 얼마나 많은 투자를 하고, 또 환경을 얼마나 소중히 여기는가를 알 수 있다. LA의 시민들은 잡초에 뿌려지는 물 값을 위해서 많은 세금을 내면서도 그에 대해서 불평하지 않는다.

역사적으로 이집트정원의 경우도 강우량이 적은 이 지역에는 큰 숲이 형성되지 않았으며 열대성기후를 가진 이집트에서 수목은 시원한 녹음을 제공해주는 안식처였다. 따라서 그들의 정원양식에는 이러한 기후적인 요인으로 인하여 그늘시렁이나 장방형의 연못 그리고 수로와 정자 등이 배치되었으며 무화과나무, 아카시나무 그리고 시커모어를 주로 심었다. 한편 불모의 사막을 주 거주지로 삼았던 페르시아 사람들의 정원에서 물은 가장 중요한 요소였으며 따라서 저수지, 커널, 그리고 분수 등의 시설이 정원의 구조를 지배하였다. 그들은 정원을 일상의 빈곤과 여름의 혹서, 가뭄과 같은 사막의 가혹함을 벗어나는 피난처 혹은 낙원의 개념으로 바라보았으며 낙원의 상징으로 그늘과 물이 필수적인 요소로 인용되었다. 그들의 낙원인 정원은 네 개의 강으로 분할되며 이를 사분원(四分園)이라고도 불렀다. 이러한 정원양식도 모두 기후의 영향이라고 생각된다.

이러하듯 조경을 포함한 도시나 건축디자인은 온도, 바람, 강우와 햇빛과 같은 기후조건을 충분히 고려해야 하며 우리나라의 경우 사계가 있고 연중 강우가 여름철에 집중되기 때문에 배수와 관수에 대한 특별한 고려가 있어야 한다.

도시를 다루는 디자이너들은 앞서 언급한 기후 및 식생환경의 특성을 충분히 이해하는 것이 녹지의 조성과 관리에 있어서도 매우 중요하다. 아울러 기후조건이 비슷한 다른 나라에서 발달된 조경디자인 혹은 녹지조성 방법을 적절하게 잘 도입하여 이용하는 것도 매우 중요하다고 하겠다.

2. 디자인을 위한 기초 생태학과 생태계

디자인을 통하여 도시에 녹지를 조성할 때 우리가 알아야 할 중요한 개념인 생태학의 내용 중에 천이와 군집은 반드시 이해해야 한다.

생태학은 생물학의 한 분야이다. 그런데 어떤 이는 생태학이 사회과학에 속하는 것으로 오해를 한다. 생태학은 영어로 ecology(에콜로지)라고 하고, 이 말은 그리스어의 oikos(오이코스)와 logos(로고스)에서 유래한다. oikos는 가정(家政)이나 가사(家事)을 의미하고, logos는 학문을 뜻한다. 즉 생태학은 자연의 가정(家政)을 연구하는 학문으로서, 가정의 모든 생물체와 그 생물체가 살 수 있도록 가정을 이끄는 모든 기능적인 과정을 포함한다. 즉 자연이라는 가정의 구성원과 가정의 살림살이를 연구하는 학문이다. <집안 살림 관리>를 뜻하는 경제학 (Economy)과 그 어원이 같다.

이 생태학이란 용어는 1866년 독일 생물학자 에른스트 헤켈(Ernst Haeckel)에 의해 <생물체의 일반 형태론, Generelle Morphologie der Organismus, 1866 Berlin>에서 처음 사용되었다. 1869년 헤켈은 예나신문(Jenaische Zeitung)에 기고한 글에서 이 단어를 다음과 같이 설명하였다.

"생태학이라는 단어를 우리는 자연계의 질서와 조직에 관한 전체 지식으로 이해하면 된다. 즉 (생태학은) 동물과 생물적인 그리고 비생물적인 외부세계와의 전반적인 관계에 대한 연구이며, 한걸음 더 나아가서는 외부세계와 동물 그리고 식물이 직접 또는 간접적으로 갖는 친화적 혹은 적대적 관계에 대한 연구라고 볼 수 있다."[6]

생태학은 생물이 환경에 어떻게 적응하고 환경을 어떻게 이용하며 생물의 존재와 활동이 환경을 어떻게 변화시키는가를 연구하는 학문이다. 생태학의 상호작용에는 에너지와 물질이 관여한다. 생물은 끊임

---

6 http://ko.wikipedia.org/wiki/%EC%83%9D%ED%83%9C%ED%95%99
에른스트 헤켈(Ernst Haeckel), 〈동물학의 진화 과정과 그 문제점에 관하여, Über die Entwicklungsgang und Aufgabe der Zoologie, Jenaische Zeitung 5, 1869, pp.353-370.

없는 에너지의 유입이 필요하며 생명을 유지할 물질이 필요하다. 에너지와 물질의 흐름이 중지된다면 생물은 죽는다.

최근 생태학은 육지·해양·담수역의 생물군의 기능적인 문제, 특히 자연의 구조와 기능에 관한 학문으로 보다 현대적으로 정의되고 있으며, 인간도 자연의 일부라는 생각이 바탕이 되어 인간생태학에 관한 연구가 활발하게 전개되고 있다. 또, 『웹스터 사전』에서는 생태학을 "생물과 그 환경 사이의 관계의 전체성, 또는 그 유형을 연구하는 분야"라고 설명하고 있다. 즉 생태학에서는 한 생물 개체(organism)보다 작은 범주인 유전자(genes) − 세포(cells) − 기관(organs)을 연구하는 생물학의 다른 분야와는 달리 개체 이상의 큰 범주에서 생명현상을 탐구한다.

우선 개체(Organisms)는 소나무 각 한 그루, 산토끼 각 한 마리 등을 의미한다. 그리고 개체는 일반적으로 홀로 살지 않는다. 즉 한 지역에 있는 소나무, 산토끼 등은 같은 소나무끼리, 같은 산토끼끼리 한 무리, 즉 개체군(populations)을 이룬다. 그러면서도 개체군은 다른 개체군과 함께 살고 있다. 즉, 소나무 개체군은 꽃며느리밥풀 개체군과 같이 살고 있고, 산토끼 개체군은 청설모 개체군과 함께 살고 있다. 이렇게 여러 다른 개체군들은 다시 군집(communities)을 이룬다. 소나무 개체군과 신갈나무 개체군 등은 서로 모여서 식물군집을 이루고, 산토끼 개체군과 청설모 개체군 등은 동물군집을 형성한다. 그리고 각 생물군집을 한데 묶고 여기에 외부의 환경요소를 관련지으면, 이것은 통틀어 생태계(ecosystems)가 된다(그림 3-4).

생태계라는 것은 생물만이 아니라 온갖 환경요소를 포함하고 있고, 생물도 한 생물종 만을 이야기하는 것이 아니기 때문에 우리가 흔히 이야기하는 '생태환경'이

그림 3-4
생태학의 범주[7]

---

7 김종욱 외 옮김, 환경과학개론, 2001, 서울: 북스힐, p.47.

니, '환경생태학'은 옳은 말이 아니다. 두꺼비나 느릅나무 한 종의 생물만을 이야기하면서 '두꺼비생태계' 혹은 '느릅나무생태계'라고 말하는 것은 맞지 않다. 두꺼비 한 종만을 이야기할 때는 두꺼비개체군, 한 지역에 살고 있는 양서류들을 통틀어 이야기할 경우 두꺼비가 그 지역을 대표할 정도로 많고 중요할 때는 두꺼비군집이라고 해야 한다. 한 생물 개체군만 가지고 생태계가 어떻다고 말하는 것은 논리 비약이다.

"생태학은 개체 수준에서, 개체군 수준에서, 군집 수준에서, 생태계 수준에서 한 생물종과 같은 생물종이나 다른 생물종과의 상호관계와 생물과 환경과의 상호작용을 모두 다룬다."[8]

한편 생태학과 생태계의 개념을 이해하였다면 군집(community)과 천이(succession)에 대하여 주목할 필요가 있다.

위에서 언급했던 생물 군집은 태양 에너지로부터 직접 에너지를 생산하는 녹색 식물과 같은 생산자, 초식·육식 동물과 같은 소비자, 토양이나 수중의 무기물을 환원시키는 미생물과 같은 분해자로 분류된다. 한편, 생물과 무생물 요인의 동적인 특성에 의해 군집이 변화하기도 하는데, 이것을 천이라고 한다. 즉 어떤 지역의 생물 군집에 새로운 환경에서 보다 잘 생활할 수 있는 생물이 침입하면서 식생이나 환경의 변화, 동물 군집과의 상호작용을 통해 새로운 군집으로 변해가는 것을 천이라고 한다. 그리고 수차례에 걸친 천이의 결과 생물의 종류가 거의 일정해지고, 군락 구조가 크게 변하지 않는 안정된 상태를 이루게 되는데, 이것을 극상(climax, 極相)이라고 한다. 자연 상태에서 천이는 일정한 방향성을 가지고 이루어지는데, 이러한 변천 과정을 천이 계열이라고 한다. 천이 계열은 식물이 서식하지 않은 환경에서 시작되는 1차 천이와 삼림에 산사태나 산불이 나면서 기존의 식생이 파괴되고 다시 안정된 군집이 될 때까지의 천이 과정인 2차 천이, 바위나 용암과 같이 물기가 없는 곳에서 시작되는 건성 천이, 호수와

8 http://www.namunet.co.kr/gardeninfo/view.html?id=138&code=t_ecol

같이 물이 많은 곳에서 시작되는 습성 천이로 구분한다. 또한 천이의
방향성에 따라 진행 천이, 퇴행 천이로 분류하기도 한다. 한편, 식물
의 경우 천이의 마지막 단계에서는 활엽수림의 상태로 극상을 이루게
된다. 극상은 환경의 변화로 인해 파괴될 수 있는데, 화재 등으로 인
해 삼림이 파괴되면 아주 오랜 세월 동안의 천이 과정을 거쳐야만 다
시 안정된 상태로 회복될 수 있게 된다(그림 3-5). 디자이너는 이러한
천이과정의 특성을 잘 이해하여 도시공간에 식재를 할 때 천이시기에
적합한 수종을 선정하여 식재 계획을 수립하여야 한다.

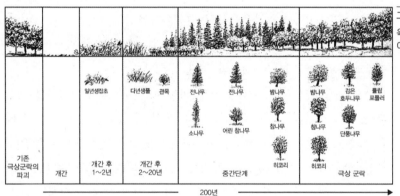

그림 3-5
육지에서의
이차 천이의 모습[9]

2차 천이는 1차 천이와 동일한 과정과 활동의 결과로 일어나는데 특
히 산불이나 홍수 또는 농업용 개간 등과 같은 산림의 파괴활동이 일
어날 때 발생한다.

3. 도시생태계

앞에서 생태학이란 그 연구 대상을 어느 한 단위 지역 내에서 함께
살고 있는 모든 생물체 간의 상호 영향 관계로 정의했다. 그러므로

---

9 김종욱 외 옮김, 환경과학개론, 2001, 서울: 북스힐, p.70.

우리는 도시 자체를 하나의 거대한 도시생태계로 볼 수 있다. 우리의 대도시는 인간을 포함한 주거, 교통, 상업 등과 같이 인간이 그동안 개발한 과학기술에 의존하여 창출한 인공시스템(technical system)과 산림 및 녹지, 토양, 대기, 물 등의 자연시스템(natural system)이라 불리는 두 개의 부분 시스템으로 구성되어 있다. 결국 서로 상호간의 물질 및 에너지의 교환에 의해 그 기능이 유지되는 하나의 거대한 영향 조직체라 정의할 수 있다(그림 3-6).

그림 3-6
도시생태계는
인위시스템과
자연시스템으로
나눈다.

한편, 도시생태계는 이를 구성하는 두 부분 시스템인 자연시스템과 인공시스템 상호간의 에너지 및 물질의 교환에 의해 그 기능이 유지되고 있다. 그러나 이 시스템들은 지극히 다른 특성을 갖고 있다. 자연시스템은 산림, 녹지, 대기, 물 그리고 토양 등으로 이루어지며, 자연생태계처럼 태양의 도움을 받아 광합성 작용에 의해 스스로 에너지를 생산해 내고 그 부산물을 처리할 수 있는 능력을 갖추고 있다. 자연생태계는 식물·동물·미생물로 이루어진 생물군집과 햇빛·온도·물·흙 등으로 이루어진 비생물환경 사이에서 물질과 에너지의 순환을 통해 상호작용이 일어남으로써 항상성이 유지되는 체계이다.

이와 반대로, 인공시스템은 인간 생활의 복합체라 할 수 있는 기능을 유지하기 위하여 자연시스템으로부터 주로 화석연료에 의존하는 많은 양의 에너지와 물질을 조달받고 있다. 이와 같은 두 시스템의 관계는 곧 인공시스템이 자연시스템에 종속되어 있다는 사실을 말해 준다. 실제로 경제, 상업, 기술, 문화, 정보 등의 주된 활동 공간으로서의 대도시는 매일 엄청난 양의 에너지와 원자재를 인공시스템의 원활한 유지를 위해 자연시스템으로부터 수입하고 있으며, 이러한 원자재와 에너지 등은 일상생활에서 소비되어 마침내 열, 가스, 배기가스, 쓰레기 등 더 이상 쓸모없는 에너지의 형태로 변환된다. 녹색연합은 지난 2010년 4월부터 9월까지 16개 지자체의 최종 에너지 사용량에 따른 이산화탄소 배출량을 계산한 결과, 경기도가 가장 많은 양인 6,781만 202톤의 이산화탄소를 배출했다고 한다. 이어 서울시가 4,237만 3,505톤을 배출해 2위를 차지했고, 경상북도(2,749만 3,301톤), 인천광역시 (2,585만 7,267톤), 울산광역시(2,338만 737톤), 경상남도(2,307만 1,360톤) 순으로 나타났다. 전체 배출량 중 경기도가 차지하는 비율은 약 20% 이며, 서울시가 차지하는 비율은 12%다. 도시에서 만들어진 엔트로피, 즉 쓰레기와 토양오염, 교통체증 및 대기오염, 하수 및 산업폐수, 소음 등 우리가 늘 일상생활에서 접하는 환경문제는 결국 이러한 유형과 무형의 결정체로서 대도시의 환경의 질을 저해하고 자연시스템의 기능을 파괴시키는 원인이 된다(그림 3-7).

이와 같은 현상은 근본적으로 위의 두 시스템 상호간의 에너지 및 물질순환 관계의 불균형에 기인한다고 하겠다.

그림 3-7
도시환경오염의 대표적인 예인 교통체증은 환경의 질을 저해한다.[10]

특히 생태계 내의 인간 활동에 의한 생태계의 구성 요소인 유기, 무기물질(미네랄이나 물 등)의 무분별한 채취, 화학비료, 쓰레기 등 유해물질의 무제한 방출과 축적, 화학 및 독성물질의 과다한 사용과 남용, 건설 및 개발을 위한 산림 및 녹지의 무분별한 이용과 훼손, 하·폐수

---

10 https://www.quora.com/How-bad-is-the-traffic-in-Seoul 2017년 3월 2일 검색.

의 과다 방출 등이 그 주요 원인이다.

이러한 여러 원인들에 의해 대도시의 생태계의 특징은 인간의 영향력과 역할, 즉 인공시스템의 활동이 두드러져 자연생태계와 뚜렷하게 구별되는 특성을 보인다. 과거 수년간 계속된 경제성장 우선 정책은 우리의 대도시를 산업 및 공업중심도시로 변모시켰고, 이로 말미암아 대도시의 자연시스템 영역은 흔적조차 발견하기 힘들 정도로 파괴되고 말았다. 이러한 현상은 날로 증가하는 개발 수요를 충족하기 위한 토지의 무절제한 사용, 건설 및 건축물의 밀집, 그리고 도로의 포장에 의한 토양의 비투수성 증가에 따른 당연한 결과로서 오늘날 대도시의 생태계를 구성하는 자연시스템의 요소인 대기 및 기후, 토양, 지하수, 녹지 등에 막대한 악영향을 초래하고 있다(그림 3-8).

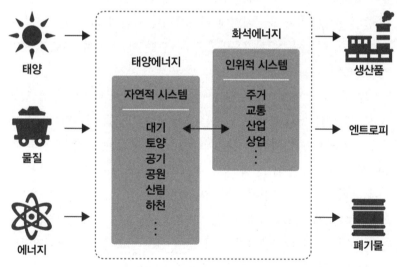

그림 3-8
도시생태계는 자연시스템에서 공급되는 에너지에 크게 의존한다.[11]

현재 우리나라의 대도시가 공통적으로 당면하고 있는 대기오염, 폐기물, 녹지파괴 등 여러 가지 유형의 환경문제는 결국 생태계의 기본원리에 상반되는 그동안의 도시계획과 디자인, 그리고 환경정책에 그 근본원인이 있다. 지속적인 도시로의 인구집중은 도시생태계 기본구

11 김수봉, 자연을 담은 디자인, 박영사, 2016, p.260.

조의 불균형을 자초하고 있으며, 에너지원 역시 무한한 태양에너지가
아닌 유한한 그리고 매장량이 급속도로 감소되고 있는 재생불능 화석
연료를 사용하고 있다. 이러한 위기를 극복하고 도시민 모두에게 쾌
적한 도시환경과 안락한 삶의 조건을 보장하기 위해서는 재생이나 재
활용 그리고 재이용에 기반을 둔 자연과 화해를 시도하려는 지속가능
한 디자인과 같은 융합적 접근방법이 요구된다.

4. 도시열섬현상

세계 대부분의 도시들은 주변의 외곽지역보다 보통 1~4℃ 정도 더
높다. 또한 인구가 밀집되어 있으며 고층건물이 빽빽하게 들어선 도
시 중심지는 인접한 교외지역에 비하여 평균기온이 최소 0.3℃, 최대
10℃ 정도 더 높은 이상기후현상을 나타내는데 이것이 바로 도시열
섬현상(Urban Heat Island)이다.

도시열섬현상의 영향으로 우리는 더운 여름에 도시 한복판에 서 있으
면 도로와 건물에서 뿜어져 나오는 열을 쉽게 느낄 수 있다. 또한 야
간에 도시외곽 지역에서는 기온이 빠르게 내려가는 반면, 도시의 내
부에서는 도로와 건물 등에 축적된 열이 지속적으로 뿜어져 나와 기
온이 내려가지 않는 열대야 현상이 일어난다.

포장도로가 많은 도심지역은 열을 보유할 수 있는 비율이 높아 낮에
는 교외지역보다 태양에너지를 더 많이 흡수하고 밤에는 교외지역보
다 열의 배출량이 더 많기 때문에 도시의 대기기온이 교외지역보다
높아진다. 반면에 교외지역은 식물과 포장이 되지 않은 토양에 의해
태양에너지의 대부분이 물의 증산작용에 사용되기 때문에 공기의 온
도가 상승하지 않는다(그림 3-9).

그림 3-9
도시녹지의
열섬완화 기능[12]

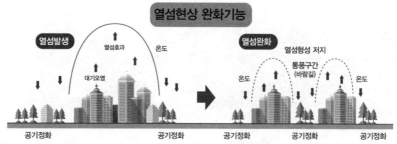

즉 도심은 고층건물과 도로들이 일몰 후 지표복사에너지의 대기방출을 방해함으로써 기온을 계속 높은 상태로 유지시킨다. 난방열에 의한 인공열이 더해지는 겨울철의 밤에는 주변 교외지역보다 더 큰 기온차가 발생한다. 이러한 도시열섬현상은 특히 여름철에 그 피해가 심각하게 발생하며 야간에 심한 불쾌감을 유발시키고, 이로 인한 에어컨의 사용이 급증하며 도시 스모그현상을 가증시킨다.

일반적으로 도시열섬현상의 원인은 자동차 배기가스 등에 의한 대기오염과 도시 내 인공열의 발생, 건축물의 건설이나 지표면의 포장 등에 의한 지표 피복의 상태 변화, 그리고 인간생활이나 생산 활동과 수반된 복잡한 요인 등을 들 수 있다.

2012년 기준 서울시 계절별 평균기온 자료를 살펴보면 도심지로 갈수록 평균기온은 높고 교외로 갈수록 낮게 나타나고 있다. 이러한 고온지역의 분포는 공원·녹지 등을 많이 공급하였음에도 불구하고 여전히 도시열섬현상이 남아있음을 보여주고 있다. 이는 고층 건물 증가, 도로포장 증가, 녹지대 감소 등 토양피복 변화와 밀접한 관련이 있다(그림 3-10).

이러한 도시열섬현상으로 인한 문제는 도시 내의 전력소비를 증가시키고, 스모그현상을 가증시키며 인간의 건강에 심각한 피해를 끼친다. 이러한 피해를 줄이기 위한 최선책은 인위적인 시스템으로 이루어진

---

12 https://www.forest.go.kr/newkfsweb/html/HtmlPage.do?pg=/foreston/fon_recreation/UI_KFS_0001_050200.html&orgId=fon&mn=KFS_01_01_03_02 2017년 3월 2일 검색.

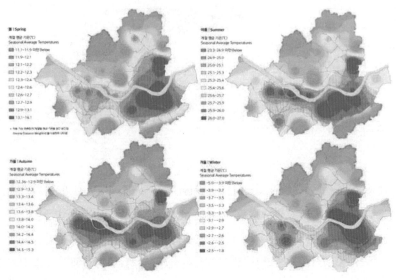

그림 3-10
서울시 계절별
평균 기온(2012)[13]

도시 내에 자연시스템의 근간인 공원녹지와 수변공간의 확보 그리고
바람길 관련 정책을 적극 도입해야 한다.

환경은 우리 생활과 불가분의 관계에 있으므로 도시환경개선을 위한
조경의 역할은 앞으로 점점 더 증대할 것이다. 도시 내의 녹지가 감
소할수록 자연에 대한 시민들의 동경심은 더 커질 것이다. 이러한 시
민들의 욕구를 충족시키는 것이 바로 디자이너의 몫이므로 이에 대한
시대의 흐름에 맞는 준비가 있어야 할 것이다. 그 시대의 흐름이란
바로 도시 관련 디자인분야에서 지속가능한 개발에 동참하는 것이다.
도시열섬현상은 지속가능한 디자인의 관점에서 반드시 해결해야 할
도전이고 숙제이다.

13 https://seoulsolution.kr/ko/content/"서울시 행정구역의 변천과 도시공간구조의 발
     전", 2017년 3월 2일 검색.

5. 지속가능한 개발

1) 지속가능한 개발의 도입

환경문제는 현대 산업사회의 대량생산과 대량소비로 인해 야기되었고 그 규모가 커짐에 따라 점점 심화되었다. 이런 이유로 국제적으로는 지구온난화, 오존층 파괴, 산성비, 해양오염, 열대림 감소, 야생 생물 종 다양성의 감소 등의 문제가 발생하였고, 국내적으로는 생활 및 산업쓰레기, 수질오염, 소음 등의 문제가 나타나게 되었다.

선진국에서 환경에 대한 위기의식이 본격적으로 제기된 것은 1960년 대이고 이에 따라 관련행정기구와 법률을 확충하기 시작한 것은 1970년대이다. 흔히 언론에 의해 널리 알려진 런던의 스모그 사건, LA스모그사건, 그리고 러브커넬사건, 이타이이타이병 등의 환경사건들이 직접적인 계기가 되어 선진국들이 관심과 대책을 강구하기 시작하였다. 이에 유럽의 학자, 기업인, 교육자들로 구성된 로마클럽은 1972년 첫 번째 보고서인 '성장의 한계'를 통해 인구는 기하급수적으로 증가하는 데 비해 자원은 감소하고 있어 멀지 않은 장래에 인류가 쓸 수 있는 자원의 양은 인구 성장을 지탱해 줄 수 없을 지경에 이를 것이라고 경고하였다.

그 이후 환경이나 자원, 인간 활동 간의 공존관계는 오래 유지될 수 없다는 인식이 확산되면서 지속가능성의 평가대상과 척도는 더욱 확대되어 경제·사회체제 일반 혹은 인류사회의 진보나 복지향상 등에 대해서도 지속가능한 개념이 활발히 논의되게 되었다.

2) 국제적 흐름

〈표 3-1〉은 지속가능한 개발이라는 개념이 인류의 지속적인 발전을 결정할 새로운 패러다임으로 등장하기까지의 주요한 국제적 흐름을 나타내고 있다.[14] 자원·환경의 문제가 지구환경문제에서 범지구적 차원의 문제로 대두되자 국제 환경문제를 종합적이고 정치적인 차원에서

표 3-1   지속가능한 개발과 관련된 국제적 흐름

연도	국제회의 등	주요내용
1971	습지 및 수조의 보전을 위한 국제 회의	수조의 생식지로서 국제적으로 중요한 습지에 관한 조약
1972	유엔인간환경회의(UNCHE)	인간환경선언, 유엔 환경계획(UNEP) 창설 결의
	유엔환경계획(UNEP) 설립	유엔인간환경회의(UNCHE)의 인간환경선언의 이행 목적
1980	국제자연보호연합(IUCN), 유엔환경계획(UNEP), 세계자연보호기금(WWP)의 세계환경보전전략 (WCS) 발표	세계적 문서로서는 최초의 지속가능개발 용어 사용
1982	나이로비 선언	환경과 개발에 관한 세계위원회의(WCED) 설치 결의
1987	환경과 개발에 관한 세계위원회(WCED) 최종회합	동경선언채택
	환경과 개발에 관한 세계위원회(WCED)의 Brundtland 보고서	지속가능개발의 일반적 정착
1988	UN총회에서 지속가능한 개발 결의	지속가능한 개발이 UN 및 각국의 지도원칙
1991	환경과 개발에 관한 개도국 장관 회의	북경선언채택
1992	환경과 개발에 관한 유엔회의 (UNCED)	리우선언, 의제21, 산림선언 채택, 기후온난화 방지 조약, 생물다양성 보호 조약 서명
1993	지속 가능한 개발위원회(UNCSD) 1차 이사회 회합	
1996	세계식량안보	187개 국가의 대표선언
1997	기후변화에 대한 협약	생물권의 생명지원체계에 대한 균형과 안정화 도모

검토하기 위해 1972년 6월 스웨덴의 스톡홀름에서 '유엔인간환경회의
(U.N. Conference on Human and Environment: UNCHE)'가 개최되었다. 이
회의에서는 '하나뿐인 지구(Only One Earth)'라는 슬로건으로 지구환경
보전을 처음으로 세계 공통과제로 채택하였다. 또한 환경보전을 위한
26개의 원칙과 130개 권고사항을 내용으로 하는 인간환경선언을 채택
하였고, 이의 실행을 위하여 유엔환경계획(United Nations Environmental
Programme: UNEP)을 설치하였다.

3) 지속가능한 개발의 개념

유엔인간환경회의 10주년을 기념하는 UNEP회의에서 채택된 '나이로

---

14 임우석, 우리나라 지역개발의 새로운 접근방향, 한국지역사회개발학회, 지역사회개발
   연구, Vol.18, No.2, 1993.

비 선언'은 '환경과 개발에 관한 세계위원회(World Commission on Environment and Development: WCED)'의 설치를 결의하였다. 그리고 1987년 WCED의 위원장이자 전 스웨덴의 수상인 브룬트란트(Gro Harlem Brundtland) 여사를 포함한 여러 명의 연구진이 작성한 '우리 공동의 미래(Our Common Future)'라는 보고서(일명 브룬트란트 보고서)에서 지속가능한 개발에 관한 정의 및 대처방안을 기술하였다.

환경과 개발에 관한 세계위원회의 보고서에서 제시한 지속가능한 개발이란 '미래세대의 욕구를 충족시키기 위해 그들의 능력을 저해하지 않으면서 현세대의 요구에 부응하는 개발(Development that meets the needs of the present without compromising the ability of future generations to meet their own needs.)'로 정의되고 있다. 즉, 우리가 물려줄 환경과 자연자원의 여건 속에서 우리 미래세대도 최소한으로 우리 세대만큼 삶의 질을 누릴 수 있도록 담보하는 범위 내에서 현재의 자연자원과 환경을 이용해야 함을 의미하고 있다. 이것은 환경자원이 인류를 수용하는 능력에는 한계가 있으므로 현재의 모든 인간 활동은 이 수용능력의 범위 안에서 이루어져야 한다는 것이다.

4) 지속가능한 개발의 범주[15]

대기오염, 수질오염 등은 단순히 환경문제가 아니라 정치·사회·경제 문제의 증상들이라고 이해할 필요가 있다. 환경문제의 진상은 그 문제가 발생한 사회의 정치·사회·경제구조에 대한 고려 없이는 정확히 알 수 없기 때문이다. 그리고 각 국가나 지역이 가진 문화적 차이 또한 지속가능한 개발을 다양하게 이해하게 하는 원인이 되고 있다. 미래세대의 이익을 고려하여야 한다는 명제에 기초하고 있는 이 개념에는 물론 시간적 차원도 포함되어 있으며, 공간적 차원 또한 이 개념의 이해를 위해서는 빠뜨릴 수 없는 중요한 요소이다. 이는 지구차원의 지속가능한 개발에서부터 국제, 국가, 지역, 지방, 도시 및 농

---

15 이창우, 도시농업과 지속가능한 도시개발, 제83회 정기학술발표대회 논문집, 대한국토·도시계획학회, 1995.

촌, 지역사회차원의 지속가능한 개발이 의미하는 바가 서로 다르기 때문이다. 그러나 기본적으로는 경제적·정치적·환경론적 견해 차이에 대한 명확한 인식이 지속가능한 개발을 정확하게 이해하기 위한 관건이다. 환경문제를 보는 시각에는 생태주의, 환경주의, 보전주의의 3가지가 있다.

① **생태주의:** 생태주의란 자연의 가치를 최우선시하고 정치·경제구조의 혁명적 변화만이 환경문제를 해결할 수 있다고 보는 관점이다.

② **환경주의:** 환경주의란 현 체제에 근본적 변화가 없더라도 개혁차원의 접근방법을 통하여 환경문제를 해결할 수 있다고 믿는 시각이다.

③ **보전주의:** 보전주의는 전통적 체제 내에서 과학기술의 힘을 빌려 환경관리를 효율적으로 함으로써 환경문제를 해결할 수 있다고 보는 입장이다.

지속가능한 개발이란 생태주의처럼 과격하지도 않고 보전주의처럼 보수적이지도 않은, 그 범위가 상당히 넓은 환경주의와 맥을 같이 하고 있다.[16]
이러한 시각을 종합해 볼 때, (그림 3-11)에서 보듯 지속가능한 개발개념 환경주의의 입장에 서서 경제적으로는 효용을 중시하고 정치적으로 중도적 성향을 가진 개념으로 이해하여야 할 것이다. 이 개념을 실천에 옮기기 위해서는 그 원칙을 보다 분명히 제시할 필요가 있다.

5) 지속가능한 개발의 원칙

지속가능한 개발에 대해서는 수많은 조건, 원칙들이 제시되어 왔다. 예를 들어 브룬트란트 보고서에서는, 의사결정과정에 있어서의 효과

---

16 이창우, 도시농업과 지속가능한 도시개발, 제83회 정기학술발표대회 논문집, 1995.

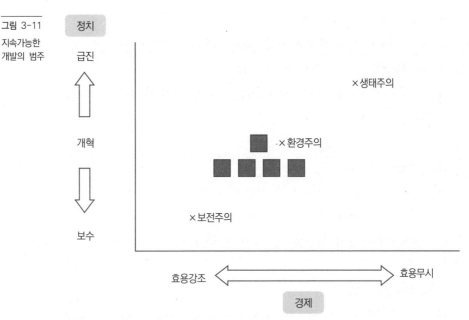

그림 3-11
지속가능한
개발의 범주

주 : ■는 정치경제축상의 지속가능한 개발의 영역표시

적인 시민참여를 보장하는 정치체계의 확립 등을 비롯한 경제, 사회, 생산, 기술, 국제관계 및 행정조직에 관한 여러 조건들이 제시되어 있다. 또한 라 꾸르17는 개발의 문화적·사회적 통합, 자연보호, 일치단결, 해방, 비폭력, 실수친화성 등의 6가지 원칙을 제시하고 있고, 세계자연보전연맹(IUCN), 유엔환경계획(UNEP), 세계자연기금(WWF)은 모든 생명에 대한 경외를 비롯한 9가지 원칙을 제시하고 있다. 그러나 지속가능한 도시개발의 원칙에 관해서는 엘킨18 등이 제시한 미래성, 환경, 형평, 참여의 4가지 원칙 외에는 거의 없다. 이창우 박사는 지속가능한 도시개발이 미래, 자연, 참여, 형평, 자급의 5가지 요소(또는 대원칙)를 가지며 각 요소는 3가지의 기준(또는 소원칙)을 가지는 것으로 정리하였다.

17 Thijs de la Court, Beyond Brundtland: green development in the 1990s, New Horizons Press, 1990.

18 Tim Elkin, Duncan McLaren, Mayer Hillman, Reviving the City: Towards Sustainable Urban Development, Friends of the Earth Trust, 1991.

① **미래세대의 원칙**

가. 도시 내에서 어떤 활동도 미래세대의 이익을 손상시켜서는 안 된다.

나. 현 세대의 안전도 확보되어야 한다.

다. 전통이 존중되며 노령 인력이 가치가 있는 인적 자원으로서 인식
  되어야 한다.

② **자연보호의 원칙**

가. 생명 유지 장치로서의 도시 생태계는 보호되어야 한다.

나. 도시녹지와 야생 동식물은 보전되어야 한다.

다. 유해 오염물질의 배출은 통제되어야 한다.

③ **시민참여의 원칙**

가. 지역사회가 개발의 중심이 되어야 하며 지역사회 주민이 의사결
  정 과정에 반드시 참여해야 한다.

나. 정보·기술의 교환을 증진 시킬 자유로운 정보 유통 체계가 확보
  되어야 한다.

다. 지방정부와 지역사회 주민 간의 효과적이고도 밀접한 관계가 구
  축되어야 한다.

④ **사회형평의 원칙**

가. 공공재에 대한 공평한 접근 기회가 부여되어야 한다.

나. 분배적 정의가 실현되어야 한다.

다. 부당한 도시개발 정책에 대해 항의할 권리가 시민에게 부여되어
  야 한다.

⑤ **자급경제의 원칙**

가. 도시 내의 생산적 자원은 시민의 필요에 부응하는 데 우선적으로
  사용되어야 한다.

나. 도시 내의 모든 활동은 에너지효율을 추구하며 에너지 절약적이

어야 한다.

다. 도시 내의 경제·사회 활동에 참여하는 참여자의 수는 수용 능력
의 한계 내에서 통제되어야 한다.

(그림 3-12)에서 보듯이 지속가능한 개발의 원칙을 잘 지키고 개발을
한다면 다음과 같은 지속가능한 통나무집을 지을 수가 있다. 그러나
만약 5가지 원칙 중 한 가지라도 제대로 지키지 않았다면 완벽한 통
나무집을 기대하기는 어렵다. 지속가능한 개발은 5가지의 기본원칙과
각 원칙의 3가지 세부원칙이 모두 잘 지켜져야만 가능하다.

그림 3-12
지속가능한 통나무집

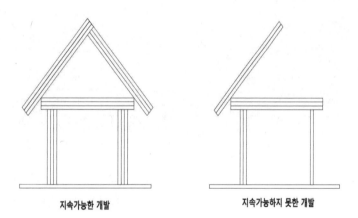

지속가능한 개발　　　　　　지속가능하지 못한 개발

6. 지속가능한 개발과 도시

20세기 이후 진행된 급격한 산업화, 도시화로 인한 각종 환경문제는
이제 지구의 복원력을 위협할 정도로 악화됨으로써 전 세계적으로 중
요한 이슈로 대두되고 있다. 우리나라도 역시 지난 30여 년 동안 산
업화와 급격한 도시화의 결과 과밀화 문제, 교통공해, 생활폐기물, 녹

지문제 등 각종 환경문제에 직면해 있다.

1995년 우리나라의 도시인구(시급 도시와 읍급 도시인구)는 39,334천명으로 1985년 도시인구 30,086천명보다 약1.3배가 증가하였다. 도시화율은 1985년 74.3%, 1990년 81.9%, 1995년 85.5%로서 급격한 도시화 추세를 보이고 있으며, 2001년에는 88.1%, 그리고 2010년에는 90%에 이르고 있다(그림 3-13).

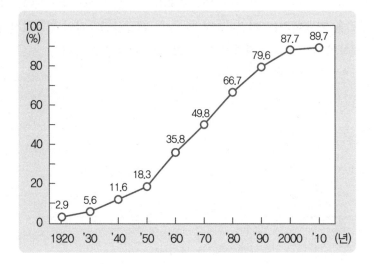

그림 3-13
우리나라 도시화율[19]

이처럼 도시의 과밀상태가 지속됨에 따라 도시환경의 질은 급격히 악화되고 있으며, 녹지, 빈터 등 옥외녹지공간의 부족으로 인해 정서적 빈곤이 더해가고, 콘크리트 등으로 구성된 건축면적의 증가에 따라 도시온도는 높아지게 되었다.

이런 상황에서 최근 환경문제에 대한 대안적 발전전략으로 제시되고 있는 '환경적으로 건전하고 지속가능한 개발(Environmentally Sound and Sustainable Development: ESSD)'에 관한 논의와 연구는 환경학, 경제학, 사회학, 지리학, 건축학, 도시 및 지역계획 등 광범위한 학문분야에서 진행되고 있다. 또한 지속가능한 도시를 위한 원칙들은 세계 각국의

---

19 http://study.zum.com/book/12375 2017년 3월 13일 검색.

그림 3-14
지속가능한 도시를
추구하는 가나가와

도시정부들에 의하여 다양하게 표현되고 있다.[20] 일본 간토 지방 남서부에 위치하며 도쿄도 남쪽에 인접한 카나가와현(神奈川県)의 가와사키시(川崎市)는 시조례에 환경정책의 원칙으로 대책의 종합성, 과학적 예측, 생태계에 대한 고려, 지구환경보전에 대한 고려, 시민의 참여와 협조를 그 기본원칙으로 설정하고 이러한 원칙의 실현을 위한 수단을 제시하고 있다(그림 3-14).

우선, 새로이 개발되는 산업에 의한 환경오염의 예방, 적절한 쓰레기 처리대책, 자동차대기오염의 감소, 가정 하수오염의 감소, 일반폐기물처리, 도시간접자본의 구축, 도시위락시설의 확충(amenities), 도시경관, 문화유적의 보호와 활용, 생태원칙에 적합한 환경자원의 보존과 창조, 지구환경보전을 위한 지역대책의 마련과 체계적인 환경교육의 실시 등을 들고 있다. 이러한 기본수단의 실현을 위해서 가와사키시는 도시구조, 경제활동, 시민생활양식의 변화, 시민참여방식의 고안을 의무화하고 있으며, 국가, 타도시, 지방정부와의 적극적인 협의과정을 명시하고 있다. 또한 시장(市長)은 시민의 의견을 반영할 수 있는 제도적 장치를 마련하고, 가와사키시 환경정책위원회의 자문을 얻어 환경마스터계획을 작성하도록 하고 있으며 계획을 준비할 때는 즉시 이를 공포하여 시민의 의견을 수렴하도록 하고 있다. 환경행정의 종합적인 조정을 위하여 부시장, 환경관련부서 국장으로 구성되는 환경조정회의(City Environmental Coordination Conference)를 설치하여 모든 도시정책의 결정에 있어서 환경적으로 건전한 것인지를 검토하게 하고 있다.

스페인 바르셀로나市는 도시 에너지절감 및 환경친화적 자원의 사용을 위한 기준을 마련하고, 개인승용차의 사용을 감소할 것이며, 시 환

---

20 http://post.cau.ac.kr/~thmoon/paper/CAU96.htm 중앙대학교 『산업경영연구』. 제5권(1996.12). 2017년 3월 17일 검색.

경기준의 집행과 이행의 강제, 시의 자연환경(natural heritage) 및 공원의 보존(garden areas), 시민의 쾌적한 환경과 건강의 증진, 삶의 질 개선에 있어서 시민참여를 보장하기 위한 시민환경교육 강화, 도시 간, 국제적 협조와 의지의 강화할 것들을 전략적 방향으로 삼고 구체적인 행동계획들을 개발해 나가고 있다.

특히 개인승용차감소를 위한 정책으로 바르셀로나에서는 2007년 공공자전거시스템인 '바이싱(Bicing)'을 같은 해 도입하여 시민들에게 예상을 뛰어넘는 큰 호응을 얻었다. 바이싱은 현재 버스, 전철, 기차의 네트워크를 통합하여 운영하고 있다. 바르셀로나에는 현재 약 419개의 자전거 무인대여소에 자전거 6,000대가 보관되어 있다. 바이싱 사용가입비는 연간 30유로이며, 가입은 인터넷과 전화로 신청하며 공공자전거는 30분간 무료이고 30분이 지나면 2시간까지 이용 요금이 50% 할인되며, 연속 2시간을 사용할 수 없다. 바르셀로나의 자전거도로는 총 150㎞이며 약 200m 간격으로 무인보관대가 설치되어 있다. 바르셀로나 시는 바이싱시스템의 정착을 위하여 차선을 없애고 자전거도로를 개설하여 누구나 접근이 용이하고 도로의 안전을 우선시하

그림 3-15
스페인 바르셀로나
공공자전거
비씽(Bicing)[21]

는 자전거정책으로 현재 시민의 삶에 있어 일부가 되었다(그림 3-15).
뉴질랜드의 웰링턴市는 ① 환경에 대한 인간의 영향을 관리하고, ② 자연환경가치를 우선적으로 고려하며, ③ 인간욕구를 충족시키되, ④ 미래와 현재 세대를 존중한다는 것을 원칙으로 내세우고 있다. 웰링턴(Wellington)은 뉴질랜드의 수도이다. 1865년 오클랜드로부터 이곳으로 수도를 옮겼으며, 오클랜드에 이어 뉴질랜드에서 두 번째로 큰 도시이다. 뉴질랜드 정치·문화의 중심이며 인구는 367,000명이다(그림 3-16).[22]

---

21 https://christinemgrant.com/2011/08/24/moving-forward-in-barcelona/ 2017년 3월 17일 검색.

그림 3-16
환경도시인 뉴질랜드의
수도 웰링턴 시는
비교적 지속가능한
도시 정책이 잘
정착되고 있다.

세계적인 컨설팅 그룹 머서(MERCER, www.mercer.com)는 매년 전 세계 221개 도시를 놓고 정치, 사회, 경제, 문화, 의료, 보건, 교육, 공공 서비스, 여가, 소비생활, 주택, 자연환경 등을 중심으로 삶의 질을 평가하는 '머서 세계 삶의 질 조사'를 실시한다. 2010년 조사 결과 뉴질랜드의 "오클랜드는 오스트리아의 빈, 스위스 취리히, 제네바에 이어 캐나다 밴쿠버와 공동 4위를 차지했다. 이 조사에서 웰링턴은 12위였고, 서울은 81위였다. 그러나 친환경 도시 순위에서는 웰링턴이 5위를 차지했고, 오클랜드는 13위로 다소 뒤쳐졌다."[23]고 한다. 이 조사 결과는 웰링턴이 뉴질랜드의 다른 도시보다는 비교적 지속가능한 도시 정책이 잘 정착되어 있음을 보여 주고 있다.

산업혁명의 모범도시로 여겨지고 있는 맨체스터는 런던, 버밍엄과 더불어 영국의 3대 대도시로도 불린다. 이 도시는 19세기 중엽 면직물 산업으로 영국에서 2번째로 큰 도시였으나, 20세기에 들어와 도시·산업 문제 등에 시달리면서 경제의 활력을 잃어갔다. 이에 따라 맨체스터는 도심부 정비 및 관리를 통한 시가지 활성화 노력을 다양하게

22 https://ko.wikipedia.org/wiki/%EC%9B%B0%EB%A7%81%ED%84%B4 2017년 3월 17일 검색.

23 http://news.chosun.com/site/data/html_dir/2010/05/27/2010052700647.html 2017년 3월 17일 검색.

진행하였는데 그 핵심은 과거의 제조업 중심의 산업기반을 서비스
및 레저산업 중심으로 전환하는 도심부의 활성화였다. 특히 1997년
에는 도시의 미래상을 담은 도시장기발전계획(Manchester City Pride)
을 발표하였고, 2002년에는 맨체스터 시와 맨체스터 도심관리회사가
주도해 도심정비전략계획(City Center Strategic Plan 2002/2005)을 수립
하였다. 이 계획에는 맨체스터 시를 영국의 주도적 지역중심도시로
육성하고 도심부를 활성화하기 위한 맨체스터 시의 중장기적 비전,
도심부의 기능과 역할, 실행우선순위, 전략적 목표 및 평가기준 등을
설정하였다.[24]

맨체스터市의 지속가능한 개발을 위한 원칙을 보면 다음과 같다.

① 인간의 활동은 환경적 고려사항에 의해서 궁극적으로 제한받아야 한다.
② 환경에 대한 부주의의 대가를 차세대가 치르도록 해서는 안 된다.
③ 환경에 미치는 피해를 사전에 방지하는 것이 사후에 그와 같은 피해를 고치려
   하는 것보다 더 좋다.
④ 재생이나 순환 가능한 물질을 사용하고 폐기물을 최소화함으로써 자원을 보
   전해야 한다.
⑤ 부유층의 생활양식에 의해서 야기되는 환경피해를 빈민층이 짊어지도록 요구
   되어서는 안 된다.
⑥ 지구의 자연자원에 대한 수요를 줄이는 노력은 이와 같은 수요를 충족하는
   노력에 우선해야 한다.
⑦ 경제적 부는 물론, 환경적 복지를 고려하여 번영을 측정하는 새로운 방법이
   고안될 필요가 있다.
⑧ 환경비용은 환경을 훼손시키는 사람에 의해서 지불되어야 한다.
⑨ 모든 사람이 환경정책에 대한 필요성을 이해하고 수용하도록 하는 것이 중요
   하다.
⑩ 프로그램 및 정책에 대한 이행 및 관리책임을 정부가 맡도록 해야 한다.

---

24 김준연 외, 도시재생사업의 국내·외 사례분석을 통한 방향성 제고에 대한 연구, 한국
   공간디자인학회 논문집 제7권 3호 통권 21호, 2012, p.172.

그림 3-17
맨체스터 시
중심부 재생사업
(Manchester city
centre regeneration,
EDAW)[25]

이러한 원칙에 입각하여 환경부문에서 지속가능한 개발을 위한 전략은 미래의 환경의 모습에 대한 비전의 설정, 구체적인 행동프로그램의 개발, 그리고 평가와 수정이라는 순환적인 과정을 거치게 된다. 이러한 전략을 수립하는 과정에서 가장 중요한 것은 지역공동체를 구성하는 모든 구성원들이 동등한 자격으로 참여할 수 있는 주민참여와 형평성이다(그림 3-17).

25 http://www.rudi.net/node/17478 2017년 3월 17일 검색.

3부

지속가능한 디자인의 사례

"무장한 적의 침략은 막을 수 있지만,
자기 시대를 찾아온 사상은 저지시킬 방법이 없다."

-빅토르 위고

▼ 독일의 환경수도 프라이부르크의 전철 트랙의 녹화 모습

친환경주거단지

01

"지금까지 일방적인 인간의 힘에 의해서 세상이 만들어졌다면, 이제부터는 모든 인류를 위하여 자연적, 사회적 이슈, 그리고 각 국가를 위한 근본적인 해결 안을 모색하고 그것에 맞는 디자인 접근이 필요하다." … 지속가능한 디자인(Sustainable Design)은 "세계적인 흐름으로써 언급되어야만 하는 중요한 쟁점이며, 세계적으로, 근본적으로 이 세상 모든 디자인은 지속 가능해야 한다." … "왜냐하면 디자인이란 근본적 단어의 의미가 보여주듯이 그것은 하나의 문제에 대한 연구이며 해결책의 제안이기 때문"이다.[1]

'지속가능한 디자인은 기능과 미를 넘어서 디자인 대상의 사회와 경제 그리고 환경적인 제 조건을 잘 고려하여 그 지역이나 도시 혹은 건물 그리고 공원 등을 디자인하는 것이다. 이는 대상지의 맥락 – 환경적, 역사적, 사회적 – 을 잘 이해해야 하고, 적은 자원을 필요로 하는 해결책을 제시하는 것이 가장 지속가능할 확률이 높은 디자인이다. 그리고 에너지 문제에 있어서는 사용량을 줄이고 이것을 어떻게 현실과 맞추어 나갈 것인지를 아는 것이 지속가능한 디자인의 출발점이다. 지속가능한 도시라는 차원에서 도시문제를 해결하는 최소 규모는 개인주택 한 채보다는 커야 될 것이다. 주거단지 한 블록이나 도시공원, 동 또는 구 아니면 도시전체가 되어야 할 것이다.'[2]

---

1 http://m.jungle.co.kr/magazine/articleView?searchNttId=4739&searchBbsId=BBSM
  STR_000000000001 2017년 3월 10일 검색.
2 Adam Richie & Randal Thomas, 지속가능한 도시 디자인, 환경적 측면으로의 접근,

이 장에서는 앞에서 이야기한 조건을 갖춘 세계 여러 나라의 지속가
능한 디자인의 사례를 생태건축과 교통, 공원녹지를 포함하는 '생태
주거단지'와 '생태도시' 위주로 소개한다. 이 사례들이 어떻게 대상지
의 환경적, 역사적, 사회적 특성을 존중하면서 개발했는지, 특히 어
떤 방법으로 에너지를 절약하고 환경을 보전하면서 디자인을 했는지
그리고 그 결과가 사람과 주변 경제에 어떤 영향을 주었는지를 살펴
보자.

1. 킬 하세(Kiel Hassee) 생태주거단지

1) 개요

독일의 북쪽 작은 항구도시인 킬의 주민들이 이룩한 킬하세 생태주거
단지는 환경건축의 모범이다. 이 주거단지는 21가구의 주거공동체를
생태계 시스템으로 가정하고 이 공동체의 물질순환이 원활하게 이루
어지도록 지난 86년 슐뢰스비히 홀스타인(Schleswig-Holstein) 주정부
가 자연을 훼손하지 않는 조건으로 주민들에게 불하한 땅에 들어섰
다(그림 1-1). 기존 지구상세계획(F-plan)에 따르면 주거단지가 들어서기
로 한 이 곳의 초지에는 레크리에이션지역이 그리고 나대지에는 도시
공급 처리시스템과 대중교통망이 건설될 예정이었다고 한다.
킬 하세 주거단지는 75년간 시정부로부터 임대한 것으로 이곳을 현금
화 할 수 없다는 조건을 달았다. 주거단지는 개발되기 전에 나대지,
식물과 동물, 환경에 대한 세부사항, 지리적 그리고 병리학적 여러 조
건들과 아울러 이 지역의 에너지 잠재력에 대한 분석이 철저하게 이
루어졌다. 재원의 조달을 위해 이미 공동체를 형성 해놓았기 때문에
여러 전문가들과의 계약은 순조롭게 이루어졌다.[3]

이영석 옮김, 기문당, 2011, p.14.
3 http://blog.naver.com/memo/MemologPostView.nhn?blogId=llskynarall&logNo=90

그림 1-1
킬 하세
생태주거단지의 모습[4]

생태주거단지를 만들기 위해서는 생태학적 연결고리와 관련된 모든 요인들을 고려하여야 하며 이것들이 기존의 조건들과 정확하게 통합 되어야 기능을 발휘할 수 있다. 그래서 이 단지를 만들기 전에 공상

057848264&currentPage=2 2017년 3월 9일 검색.

4 http://www.kieler-scholle.de/index.html
https://www.google.co.kr/maps/place/Am+Moorwiesengraben,+24113+Kiel,+%E
B%8F%85%EC%9D%BC/@54.3134481,10.0770688,10634m/data=!3m1!1e3!4m
5!3m4!1s0x47b254277d6e2865:0x986eb0f33f9cb5ec!8m2!3d54.3043962!4d10.0
973818 2017년 3월 8일 검색.

적인 아이디어보다는 자연경관과 문화 그리고 생태학적인 통합을 최
대화시키는 데 역점을 두었다고 한다(그림 1-1).

2) 시사점

① **기후조건의 통합:** 킬의 변화무쌍한 기후적인 특성과 강우량을 고려
하고 경사와 주변의 개발을 고려 주택의 방향을 동서축으로 했다. 지
자기파 탐지와 수맥검사를 통하여 방해요소가 발견되는 곳에는 침실
과 거실 배치를 피했다. 하루 중 90%가 서풍이 부는 이 지역의 기후
특성을 경사진 둔덕이 잘 막아 주어 울타리, 집 그리고 농작물은 비
교적 바람에 안전했다. 배수로 구실을 하는 개방된 도랑, 호박석을 깐
주택 주변의 바닥, 공사 중 채취한 돌과 바위로 옹벽처리를 하여 지
표면의 악조건들을 잘 극복하였고 주위 환경은 비교적 포근하다. 주
택의 햇볕이 잘 안 드는 주 출입구가 있는 정면부인 파사드는 유리창
을 설치하여 해결하였다(그림 1-2).

그림 1-2
킬 하세 생태주거단의
주택과 그 주변

마을 안의 차도와 보도는 빗물이 땅 속으로 스며들 수 있도록 비포장
으로 남겨두어 열 부하를 감소시켰다. 포장면적을 줄여 빗물의 손실
을 방지하여 모은 빗물을 연못에 저장하여 이 물을 정원수로 활용하
였다(그림 1-3).

② **잔디지붕주택**: 이곳 주거단지의 주민들은 자유롭고 친환경적인 주거환경을 계획하고 지금까지 사용하지 않은 다양한 생태기술들을 도입했는데 가장 대표적인 것이 '잔디지붕'이다. 이 지붕은 방향과 일조를 고려해 주택의 냉난방 에너지절약과 함께 녹지공급과 다양한 곤충이 살 수 있는 서식처인 비오톱의 역할을 한다. 전체 면적이 2,600㎡에 달하는 잔디지붕은 기존의 지붕과는 달리 200명의 사람들에게 충분한 산소를 공급하고 있다(그림 1-4).

---

5 http://www.kieler-scholle.de/bildergalerie.html 2017년 3월 9일 검색.
6 http://www.kieler-scholle.de/bildergalerie.html 2017년 3월 9일 검색.

③ **자연과의 통합:** 자연과의 통합이라 함은 값진 자연의 조건을 건축에 통합하는 것을 말한다. 그래서 교목, 관목, 숲 그리고 습지와 둔덕을 보존하는 것은 물론이고 연못가의 길이나 호두나무 옆의 집처럼 가능하면 이러한 모든 것을 한 계획에 포함시키려 노력했다(그림 1-5). 방대한 인접지역을 원형 그대로 두는 노력도 함께 했다. 교통 환경은 덜 복잡하고 자동차를 함께 타는 카풀을 권장하고 또 여행 시 자전거를 많이 이용할 수 있도록 유도했다.

그림 1-5
킬 하세는 주변의
자연환경을
보전하여 단지 내로
통합했다.

④ **자연정화연못:** 자연정화연못은 순전히 비오톱 개념에 근거한 것이다. 주거단지의 물 순환체계의 일부인 빗물처리시설은 생태학적인 사이클을 형성하는 주된 도구이다. 그것은 에너지와 돈을 절약한다. 수질 관리를 위해 주민들의 아이디어로 마을 곳곳에 자연정화연못을 만들었다(그림 1-6).

생활하수는 마당과 마을 곳곳에 조성돼 있는 자연정화 연못들을 세 번 거쳐 깨끗한 수질상태로 하천에 방류하도록 했다. 집집마다 천연세제를 사용하고, 물 사용량을 최소화해 연못에 해충이 들끓지 않도록 신경을 쓰고 있다. 이 연못은 마을전체의 온도와 습도를 조절해 쾌적한 환경도 만들어준다. 처음 주택을 만들 때부터 빗물을 유리지붕, 잔디지붕 그리고 연못에 저장하여 단지 내 연못에서 자연정화를

그림 1-6
자연정화 연못7

시켜 실개천으로 내보낸다. 하수는 가정에서 식재를 이용한 정화와 토양 필터를 이용한 정화시설을 혼용하여 사용하며 연못으로 보낸 오수는 단지 중앙의 오수와 함께 외곽의 영구 녹지에 의해 정화된다. 연못으로 모인 1차 정화수를 다시 식물과 토양에 의해 2차 정화를 한 뒤 배출하는 시스템이다. 수질은 연방 수질 기준의 2/3수준으로 하천으로 바로 흘려보내도 된다.

⑤ **자연발효식 화장실**: 자연발효식 화장실을 만들어 상수를 절약하고, 음식물쓰레기는 마을공동 퇴비장에서 전량퇴비로 만들어져 채소밭에서 활용되고 있다. 이 화장실 덕분에 한 사람이 매일 사용하던 물의 양을 거의 50리터 가까이 절약할 수 있게 되었다. 자연발효식 화장실은 약간의 유지관리만 필요하며, 사용하기 쉽고 위생적이다. 해마다 발효조에서 100리터의 퇴비만 제거하면 된다. 테스트 결과 밭에 뿌려도 문제가 없는 완전한 퇴비라는 사실이 입증되었다. 이 퇴비 속에는 살모넬라균은 없고 소량의 대장균만 발견되었다. 발효조는 변기의 바로 밑 부분에 설치되어 있다. 이는 건축계획에 상당한 영향을 주며 이 화장실에는 악취가 없다.

7 http://www.kieler-scholle.de/bildergalerie.html 2017년 3월 9일 검색.

⑥ 에너지와 건축재료: 고효율 보일러에 연결된 천연가스로 움직이는 두 개의 모터에 의해 필요한 전기를 생산하고 이 과정에서 발생하는 폐열로 온수와 난방열을 공급한다. 난방과 온수에 대한 비용은 다른 도시의 공급 가격에 비하여 30%나 싸다. 에너지 담당자를 배치하여 주민들이 매달 소비하는 에너지의 양을 비교하고 기록한다. 이것은 주민들 자신들이 사용하는 에너지의 소비를 줄이는 동기를 제공했다. 건축 재료들은 생산과 가공에서부터 자원을 절약하는 소재들만 사용했다. 이 프로젝트에 사용된 진흙, 목재 그리고 목섬유판재에 대한 전체적인 에너지 사용량은 철근 콘크리트와 합성재료들에 비해 매우 우수했다. 이는 개개인의 생태적인 기호와 장소의 특성을 고려하여 각각의 주택에 대한 재료를 선택하였다(그림 1-7).

그림 1-7
에너지 절약과
생태적인 측면을
강조한 건축 재료를
사용하여 만든 주택

2. 베드제드(BedZed)

1) 개요

영국 런던의 남쪽 서튼(Sutton) 자치구에 건설된 작은 주거단지 '베드제드(BedZed)가 있다. 베드제드는 베딩턴 제로 에너지 개발(Beddington Zero Energy Development)이란 의미로 석유와 석탄 등 화석 에너지를 사용하지 않고 개발한 주거단지란 뜻이다. 친환경주거단지 베드제드에 들어서면 빨강, 노랑, 파랑, 초록 등 알록달록한 닭 벼슬모양의 환풍기가 달린 건물이 눈에 띈다. 어린이 방송프로그램 텔레토비에 나오는 집을 닮았다고 해서 텔레토비 마을로도 불린다고 한다(그림 1-8).

그림 1-8
'에너지 자립단지'를
표방하며 조성된
베드제드는 친환경
녹색마을을 꿈꾼다.[8]

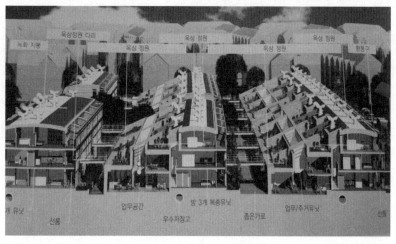

2002년에 가동이 멈춘 오물 처리장 부지를 매입해 100가구 규모의 '에너지자립 친환경 주거단지'로 조성했다. 저탄소 친환경 단지로 만든 베드제드는 자선단체인 피바디 트러스트(PeabodyTrust)와 사회적 기업인 '바이오 리저널 디벨로프먼트그룹(Bio Regional Develement Group)',

---

8 Adam Richie & Randal Thomas, 지속 가능한 도시 디자인, 환경적 측면으로의 접근, 이영석 옮김, 기문당, 2011, p.182.

친환경 건축사무소인 '빌 던스터 건축사무소(Bill Dunster Architects)'의
파트너십으로 개발됐다. 16,500㎡ 부지에 조성된 베드제드는 2000년
착공해 2002년에 완공되었다. 탄소 에너지 발생을 줄이기 위해 직장
과 주택이 근거리에 만들어져 단지 내에 일반가정 100가구와 10개의
사무실이 있다. 100가구 중 50%는 일반에 분양하고, 25%는 직원과
설립자용, 25%는 저소득층을 위한 주택으로 임대되었다. 탄소 제로
주택으로 조성된 베드제드는 지금도 지속 가능한 주거형태를 선보인
모범적 사례로 전 세계의 주목받고 있다(표 1-1).

표 1-1 베드제드의 개발 개요

구분	내용
위치	• 영국 런던시 서튼
규모 및 개발기간	• 16,500㎡, 2000년 착공 2002년에 완공
수용세대	• 100가구에 202명 거주, 방 1~4개 정도의 가구로 구성, 10개 사무실 입주 • 100가구 중 50%는 일반에 분양, 25%는 직원과 설립자용, 25%는 저소득층인 정부보조 생활자를 위하여 사회적 주택용으로 임대
건축비	• 1,400파운드/㎡, 주택 가격은 동일한 규모의 주택보다 30%가량 비싸게 설정
개발주체	• Peabody Trust(금융회사), BioRegional Development Group(사회적 기업, 자선단체), 빌 던스터 건축사무소
설계자	• 빌 던스터(Bill Dunster, Zedfactory)
개발특징	• 영국 최소의 친환경, 탄소중립 복합개발단지, 영국의 BedZed는 주거·업무·상업 복합단지 • 기존 건축규제에 저촉되지 않으므로 별도의 BedZed 개발을 위한 별도의 제도 없음

자료: http://green.kosca.or.kr/greengrowth/greengrowth_17.asp?gbn=6 2017년 3월 10일 검색.

2) 시사점

① 태양광 등의 신재생에너지 도입

가. 태양광 전지판 및 패시브 솔라시스템을 설치했다.

나. 온수 이용은 개인의 생활 패턴에 따라 다르므로 온수 미터(meter)
   기를 설치하고 거주자 매뉴얼을 통해 온수 사용을 최대로 줄이는
   방법에 대하여 교육시킨다.

다. 태양열 에너지로 약 50%의 온수를 만들고 개별 주택에는 목재펠
   릿(wood pellet) 보일러를 설치했다. 목재펠릿은 바이오에너지의 생

산이 가능한 목질계 바이오매스의 고체 연료 중 하나로, 낮은 비용으로 고품질의 에너지를 생산할 수 있는 신재생에너지원을 말한다.

라. 베드제드의 가장 큰 특징은 탄소배출을 하지 않도록 설계되어 있는 건축이다. 에너지를 사용하지 않고도 난방효과를 낼 수 있다. 건물에 달린 형형색색의 환풍기에 열교환기가 부착되어 있어, 바람에 따라 회전하면 바깥의 찬 공기와 실내의 더운 공기가 섞이면서 따뜻해지는 효과를 발생시킨다.

마. 남향으로 지어진 집들의 남쪽 벽면은 온통 유리로 되어 있어 온실처럼 태양열이 풍부하다(그림 1-9).

그림 1-9
남향으로 지어진
집들의 남쪽 벽면은
온통 유리로 되어 있다.[9]

② 온수 및 중수 이용 극대화

가. 상수도 기준 영국의 평균 하루 물 소비는 150리터이며, 베드제드는 평균 20리터를 소비한다. 미국은 평균 450리터를 소비한다.

나. 화장실에는 물 절약 변기와 수도꼭지를 설치했다.

다. 오·하수 정화시설(중수시설)을 통하여 단지 내 조경 및 화장실 용수의 90% 이상을 공급했다.

---

9 https://en.wikipedia.org/wiki/BedZED 2017년 3월 14일 검색.

라. 우수는 저장장치에서 상수공급소로 보내고 하수는 중수시설을 통하여 재처리 후 사용한다.

마. 건물 지하에도 탄소 제로를 위한 기술이 구현돼 있다. 지하에는 빗물 저장 탱크가 설치되어 있고 빗물과 오폐수를 최대한 재활용할 수 있는 장치도 갖춰져 있다. 베드제드는 이 같은 설비를 활용해 생활하수와 빗물을 저장하고 정화해서 화장실용과 정원수로 활용함으로써 물 소비량을 3분의 1로 줄였다(그림 1-10).

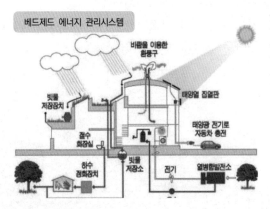

그림 1-10
지하에는 빗물 저장 탱크가 설치돼 있고 빗물과 오폐수를 최대한 재활용할 수 있는 장치도 갖춰져 있다.[10]

바. 화장실의 세면대와 변기 크기도 줄였고 샤워기는 분무되는 물에 공기가 섞여 나오도록 설계해서 물 사용량을 절약했다. 지하엔 빗물 저장 탱크를 설치해 화장실 물로 사용하고, 싱크대 옆 벽면에는 전기와 물·가스 사용량을 표시하는 각종 계량기들을 사람들 눈에 잘 보이게 설치했다.

③ 저탄소 녹색 교통 시스템 구축

가. 거주와 사무공간을 단지 내에 공유시켜 출퇴근에 필요한 자가 차량의 운행을 최소화 하고 대중교통 이용을 극대화시켰다.

나. 태양에너지를 이용해 전기자동차를 충전할 수 있도록 단지 내에 전기자동차 충전소가 마련돼 있고 또 카풀제로 운용되는 시티 카

---

10 http://www.nocutnews.co.kr/news/660496 2017년 3월 14일 검색.

클럽(city car club)을 통해 단지 외로 나갈 때만 자동차를 임대해 사용하도록 해 탄소 배출을 최대한 자제하고 있다.

다. 수송 수단도 특별하다. 교통 수요를 최소화하기 위해 주택 안에 재택근무용 사무실로 쓰기에 적합한 공간을 마련했다. 주민들은 '녹색 교통 계획'에 따라 전기 또는 하이브리드 승용차 40대를 공용으로 불가피한 경우에만 사용하는데 지붕의 태양광 전지로 충전한 공용 하이브리드자동차는 약간의 이용료만 내고 빌려 쓸 수 있다.

라. 개인 승용차를 위한 주차공간은 약 40대분에 불과하며 이를 이용하려면 연간 사용료를 지불해야 한다. 하지만 전기 겸용 자동차나 LPG 차량을 사용하면 일정 부분을 환급받을 수 있다. 탄소 배출의 주범인 자동차 사용을 줄이려는 노력이 베드제드에서는 적극적으로 이뤄지고 있다(그림 1-11).

그림 1-11
개인 승용차를
위한 주차공간은
약 40대분에 불과하며
이를 이용하려면
연간 사용료를
지불해야 한다.

④ 직주근접을 실현한 저탄소 토지이용체계

가. 직장과 주거장소가 가까운 것을 의미하는 '직주근접'의 개념을 도입하여 최대한 자가용 사용을 억제했다.

나. 직주근접 개념을 거주공간과 사무공간을 단지 내에 공유하여 출퇴근에 필요한 자가 차량의 운행을 최소화하고 대중교통 이용을

극대화했다.

⑤ 저탄소 에너지 절감 건축

가. 2중, 3중 유리, 온실, 차양 등을 설치하여 태양열을 채열하여 사용함으로써 단지 내 모든 주택의 난방수요가 일반 주택의 10분의 1수준이 되도록 설계했다.

나. 건물외벽에는 300mm의 수퍼단열재를 사용하여 열손실을 최소화했다.

다. 지붕 위 닭벼슬 모양의 바람개비 팬을 통해 자연환기 및 내부온도를 조절한다.

라. 이중외피로 온실을 만들어 여름에는 더운 공기가 상부창으로 빠져나가 시원하고, 겨울에는 햇빛으로 데워진 공기를 받아들여 적절한 온도를 유지한다(그림 1-12).

마. 전력 미터(meter)기를 사람들 눈에 잘 보이는 곳에 설치하여 평균 연간 1인당 80.81파운드(11만원)의 전력소모를 보였다. 실제 영국 평균인 연간 1인당 107.46파운드(14만 9천원)에 비해 낮은 수치이며 이는 1인당 연간 6톤가량의 이산화탄소 배출 감소 효과가 있다.

그림 1-12
지붕 위 닭벼슬 모양의 바람개비 팬으로 자연환기 및 내부온도를 조절한다.[11]

11 https://en.wikipedia.org/wiki/BedZED 2017년 3월 14일 검색.

⑥ 옥상정원 및 발코니를 활용한 단지녹화

가. 그린루프 시스템으로 지붕 표면에 특수 식물을 심어 야생생물과
   공유할 수 있는 기회를 제공하고, 각 건물의 지붕과 테라스는 태
   양에너지 흡열 패널, 옥상정원을 설치하여 다양하게 활용하고 있
   다(그림 1-13).

나. 지붕 녹화를 통하여 여름철 실내 온도를 저감시키는 효과를 기대
   한다.

그림 1-13
각 건물의 지붕과
테라스는 태양에너지
흡열 패널, 정원,
조경시설을 배치하여
다양하게 활용한다.[12]

3. 그리니치 밀레니엄 빌리지(Greenwich Millennium Village)[13]

1) 개요

영국 런던 시내 중심가에서 템즈강을 건너 남쪽으로 20여 분을 달리
면 시야가 확 트이면서 광활한 땅이 나타난다. 천문대로 유명한 영국
런던 남부의 그리니치 반도다. 이곳은 20세기 중반까지만 해도 대규

---

12 https://en.wikipedia.org/wiki/BedZED 2017년 3월 14일 검색.
13 http://www.gmv.london/ 2017년 3월 16일 검색.

모 가스저장 및 처리 시설이 있던 곳이지만 관련 산업이 쇠퇴하면서 약 77만㎡ 규모의 땅이 유휴지로 오랫동안 방치됐다. 영국정부는 도심부를 활성화하고 도시경쟁력을 제고시키고 위해 민간 파트너십을 기반으로 도시재생기본계획을 수립하고 도시재생을 위한 다양한 사업을 추진하고 있다.

1997년 집권한 노동당 정부는 지속가능한 공동체 건설을 위해 영국 내 7곳에서 '밀레니엄 빌리지 프로젝트'를 실시하기로 하고 런던 시내에서는 그리니치 반도를 그 중 한 곳으로 선정했다.

그리니치 도시재생(Greenwich Peninsula Regeneration: GPR) 사업은 낙후된 그리니치 반도의 재생과 재래식 건축기법에 의존하고 있는 영국 주택건설업체의 변화와 혁신을 촉진하기 위해 영국정부가 추진하고 있는 가장 대표적인 도시재생사례이다. 이 프로젝트에 따라 그리니치 반도 끄트머리에는 밀레니엄 돔이 지어졌고 템스강 하구 쪽에 2,950 가구 규모의 '그리니치 밀레니엄 빌리지(GMV)'가 조성되고 있다(그림 1-14). 영국 런던은 낙후된 도심지역의 재생과 지속가능한 도시건축을 목표로 시범사업을 통해 개발모형을 구체화하고 있는 유럽의 대표도시이다.

그림 1-14
그리니치
밀레니엄 빌리지
(Greenwich
Millennium Village)
전경[14]

유럽에서 가장 큰 도시재생사업 중 하나인 GMV는 단순히 정주환경을 돋보이게 하는 디자인과 기술적 요소만을 강조하지 않고 자연 친화적이면서도 인간 중심적인 거주공간을 만드는 데 역점을 두고 있다. 그리니치 밀레니엄 빌리지가 도시 '재개발(redevelopment)'이 아닌 '재생(regeneration)' 프로젝트로 불리는 이유는 이곳에 100년 가까이 서있던 가스공장이 1985년 폐쇄된 뒤에는 건축폐기물로 뒤덮인 채 방치되어 있었기 때문이다.

14 http://www.gmv.london/ 2017년 3월 16일 검색.

민관 협력 사업으로 진행되고 있는 GMV는 3~15층 규모의 다채로운 주동(住棟) 설계와 아기자기한 건물 외관, 건식 공법을 활용한 친환경 건축 과정도 흥미롭지만 단지 내 학교와 탁아시설 설치에 주민이 직접 참여하고 분양주택과 임대주택이 조화롭게 배치돼 '사회적 혼합(social mix)'을 추구하고 있다는 점에서 주목 받고 있다.

GMV의 30%는 임대주택이며 이들 임대주택의 주택형은 1베드에서 4베드까지 다양하다. 일부 지분형 임대주택도 포함돼 있다. GMV의 개발 내용을 자세히 살펴보면 다음과 같다.

① 영국의 재개발 기구인 잉글리쉬 파트너십(English Partnership)에서 "Millennium Communities Programme"을 시행했다.

② 동 프로그램의 목적은 21세기 기준에 적합한 새로운 정주지를 형성하는 것으로 7개의 시범지구가 선정되었으며, 그 중 첫 번째가 그리니치 반도의 재개발지구가 바로 밀레니엄 빌리지(GMV)다.

③ 그리니치 밀레니엄 빌리지는 개발 전 100년 가까이 가스공장들이 있었다. 1985년 공장이 폐쇄된 뒤에는 건축폐기물로 뒤덮인 채 방치되어 있었다. 정부, 지방자치단체, 공기업이 협력해 구성한 부동산개발사업체 '잉그리시 파트너십'이 인접 금융가 카나리워프의 연계 주거지로서 퍼블릭 하우징 개발 계획을 구상했다.

④ 1998년 설계 공모에서 당선된 스웨덴 건축가 랠프 어스킨(Ralph Erskine)은 심혈을 기울여 환경친화적인 공동주택단지를 설계했다.

⑤ 4개 단지로 구성된 퍼블릭 하우징의 면적은 29만 1378㎡로 서울 송파구 방이동 올림픽공원의 5분의 1 크기다.

⑥ 1999년 착공해 2005년 1700가구로 1차 완공했으며 2015년까지 2,400가구로 늘릴 계획이다.

⑦ 영국 정부 투자금은 20%로 투자의 주요 내용은 시내와 도크랜드 지역을 연결하는 경전철교통망을 구상했다.

⑧ 세제혜택 및 투자절차 간소화로 민간투자 유치, 민간투자 중 70%가 외국자본이다.

⑨ 전통을 중요시하는 이 지역의 문화로 인해 도크랜드 지역으로 사람들이 이주를 꺼려 전통적 명문학교가 위치한 지역보다 부동산 가격이 많이 떨어졌다.

2) 시사점

그리니치 밀레니엄 빌리지(GMV)의 핵심 테마는 '친환경'이다. 단지 바로 옆 템즈강변 저습지에 호수를 조성했고, 정부가 조성한 생태공원이 이어진다. 각종 야생동물들이 자유롭게 오가는 공간이 문을 열고 집을 나서면 펼쳐진다. 생태공원 아래에는 온 가족이 피크닉을 즐길 수 있는 대형공원도 마련돼 있다. 밀레니엄 빌리지는 주차장을 아래쪽에 숨겨 나무 소재 벽과 덩굴로 가리고, 그 안에 주차장을 넣어 훨씬 쾌적한 공간을 만들었다. 주차장 위에는 정원을 만들어 주민들이 마음껏 자연을 즐길 수 있도록 배려했다. 또 자연채광과 고단열재, 태양열 주택, 중수도 등을 도입해 이산화탄소를 줄이는 '지속가능한 친환경 디자인'에 중점을 두었다.

밀레니엄 빌리지는 '어울림'에도 신경을 쏟았다. 실업자나 장애인, 서민을 위해 임대료를 50%가량 할인한 임대주택을 20%가량 지었지만 따로 구분하지 않고 뒤섞어 어느 집이 임대주택인지 알 수 없도록 했다. 임대주택으로 인한 커뮤니티의 단절과 갈등을 사전에 방지하자는 의도다. 경제·사회·환경이 함께 잘 어우러진 완벽한 지속가능한 개발의 좋은 사례다(그림 1-15). 자세한 개발 내용은 다음과 같다.

그림 1-15
밀레니엄 빌리지는 '어울림'에도 신경을 쏟았다.

① 친환경 녹지 및 수변공간 조성

가. 에코파크를 비롯한 오픈스페이스 공간은 전체면적의 50%를 차지, 보전지역 주변에 산책로(Hide Walk)를 설치하여 연못과 호수와 템즈강을 연결하는 등 주거단지와 주변 환경과의 생태적 연결성을 확보했다.

나. 수변공간을 적극적으로 활용하여 친환경적인 녹색 주거단지로서의 이미지를 제고했다.

다. 단지 내 빗물을 저장하는 저류지를 겸하여 조성된 호수와 생태공원은 자연적으로 단지 내 쾌적한 미기후를 형성하는 데 기여한다 (그림 1-16).

그림 1-16
단지 내 빗물을 저장하는 저류지를 겸하여 조성된 호수와 생태공원

② 에너지 절감 주택의 실현

가. 건물에는 차양설치, 태양열 활용(자연채광), 고단열재 적용, 절전형 등과 일조조절 센서, 고효율 전기제품을 적용하여 기존 주거단지에 비해 에너지소비를 50%로 절감하고 있다(그림 1-17).

나. 빗물 집수 및 재활용, 중수활용, 절수형 변기, 스프레이형 수도꼭지를 설치하여 물소비량을 기존 주거지에 비해 30%를 절약한다.

그림 1-17
건물에는 차양설치,
태양열 활용(자연채광),
고단열재 적용, 절전형등과
일조조절 센서, 고효율
전기제품을 적용하여 기존
주거단지에 비해 에너지소비
를 50%로 절감하고 있다.

③ 친환경적 건축자재 사용

가. 건물들의 각 공정별로 필요한 에너지의 50%를 감소시키기 위해
서 기존 콘크리트 바닥은 목재바닥으로 전환하였다.

나. 벽돌과 블록으로 된 벽채도 목재 패널로 전환함으로써 에너지를
절감을 유도했다.

④ 지속가능한 커뮤니티

가. 지속가능한 커뮤니티는 주민참여가 필수적이다. 이를 위해 GMV
는 커뮤니티의 사회적 물리적 인프라를 건설하였다. 마을의 모든
곳으로 부터 걸어서 5분 내에 접근할 수 있게 마을 커뮤니티 중
심공간으로 타원형의 마을센터를 만들었다.

나. 커뮤니티 센터 외에도 가든 스퀘어, 커뮤니티 헬스 센터, 초등학
교, 탁아소, 생태공원 그리고 가족들의 피크닉을 위한 대형공원
등이 있다(그림 1-18).

다. 자기주택(80%)과 임대주택(20%)을 따로 구분되지 않게 혼합하여
조성함으로써 구성원 간의 소외와 갈등을 방지하고 있다.

다. 주거동을 다양한 레벨로 변화시킴으로써 거대한 벽면의 스케일을
인간적인 스케일로 순화시켰다.

그림 1-18

가족들의 피크닉을 위한
대형공원을 조성하였다.

⑤ 보행자 및 자전거 우선의 교통

가. 모든 블록으로의 차량진입은 가능하지만 주차는 할 수 없도록 계
   획하고 중정은 녹지 커뮤니티공간으로 조성하여 주민의 보행권을
   강조하였다.

나. 보행로와 자전거 도로는 짧은 경로를 조성하여 안락하고 안전하게
   연계되고 편리하고 쾌적한 이용이 가능하도록 하였다(그림 1-19).

그림 1-19

보행로와 자전거 도로는
짧은 경로를 조성하였다.

4. 세타가야구 후카자와 환경공생주택[15]

1) 개요

1990년, 세타가야구(世田谷區)는 도쿄도(東京都)의 사업으로 진행되고 있던 공영주택 건설을 적극적으로 추진하고자 주택조례를 새롭게 제정하고, 당시 노후화된 후카자와 도영(都營)아파트를 이관하여 관리, 운영을 시작하였다(그림 1-20). 세타가야구는 이 아파트단지를 환경자원을 살린 환경공생아파트로 탈바꿈하기 위해 1995년 9월에 공사를 시작해 1997년 3월에 준공하여 9월에 입주를 시작했다. 세타가야구 후카자와 환경공생주택단지는,

그림 1-20
1997년 재개발된
일본 도쿄 세타가야구의
후카사와 임대주택은
주민과 구청의 2년
3개월에 걸친 협의 끝에
고령자와 장애인을 배려하고
환경과 공생하는 주택단지로
거듭났다.[16]

① 지구의 환경을 배려하는 차원에서 에너지 절약, 재활용 추구
② 주변 환경과 자연환경과의 조화
③ 주거환경의 건설성, 쾌적성을 목표로 한다는 세 가지를 기본개념으로 개발되었다(표 1-2).

---

15 http://www.makehope.org/ "지구를 살리는 '집'은 어떤 모습일까" 2017년 3월 10일 검색.
16 http://www.hani.co.kr/arti/society/society_general/518646.html#csidx47e3221535 de80b85ae30bf5d035991 2017년 3월 10일 검색.

표 1-2 도쿄 세타가야구 후카자와 환경공생주택 개요

구분	내용
위치	• 도쿄도 세타가야구
규모 및 개발기간	• 대지면적: 7,388㎡ 연면적: 6,200㎡ • 1993년 재건축 결정, 1997년에 완공
수용세대	• 50개동 70호 주거단지 • 1호동: 고령자주택(어드바이저 근무) • 2, 4, 5호동: 서민가족 및 장애자를 위한 주택 • 3호동: 중산층 주택
건축비	• 총공사비: 20억 3천만엔(환경공생주택 시스템: 8천만엔) • 정부보조: 9억엔, 나머지 구 부담(11억 3천만엔)
개발주체	• 세타가야구
설계자	• 이와무라 교수

개발특징	• 3가지 원칙에 의해 지어짐
	  ① 에너지 절약
	  ② 주변 자연환경 및 지역환경과의 조화
	  ③ 쾌적한 거주환경 및 교류 활성화

자료: http://green.kosca.or.kr/greengrowth/greengrowth_17.asp?gbn=6 2017년 3월 10일 검색.

2) 시사점[17]

환경공생주택단지는 주민들이 참여하여 에너지 절약형 주거지로 주변 환경과의 조화와 커뮤니티를 고려하여 설계되었다. 이 주거단지에는 실버주택, 미취학 아동과 장애인 보호시설인 데이홈, 공영임대주택, 특정 공동임대주택, 거주자를 위한 각종 시설이 있으며 단지 곳곳에는 녹지와 쉼터가 조성되어 있어 거주민들의 안락한 생활에 도움을 주고 있다. 지하수를 끌어올린 실개천이 단지의 중심에 흐르며, 풍차는 장식용이 아니라 단지 안에 시냇물을 순환시키는 전력을 생산하는 풍력발전기 구실을 한다.

주택 건물은 바람이 앞과 옆에서 통할 수 있는 구조로 설계되었고 뿐만 아니라 사람이 지나갈 수 있는 작은 길은 주변 주택과의 연결통로 겸 겨울엔 찬바람을 막고 여름엔 시원한 바람이 지나가도록 바람길 역할을 하고 있다. 단지 내의 모든 길은 보행자와 자동차의 동선을

---

17 http://www.u-story.kr/163 2017년 3월 10일 검색.

구분하여 아이들이 안심하고 뛰어놀 수 있다. 고령자를 위해서 손잡이와 엘리베이터 앞의 벤치, 휠체어 사용에 최적화된 현관 등을 설치하는 등 거주자를 고려한 설계로 준공된 지 20년이 다 되어가는 지금도 방문자들의 발길이 끊이지 않고 있다.

① 녹화 시스템

가. 1,100㎡ 규모의 옥상녹화를 통하여 여름철 약 20~30℃의 온도저감 효과를 보고 있다(그림 1-21). 벽면녹화는 여름철 서쪽벽면의 온도상승을 막아준다(그림 1-22).

나. 단지 내 개울 및 생태공원 등을 조성하여 쾌적한 거주환경을 추구하고 있다.

그림 1-21
후카자와 환경공생주택단지
내의 옥상녹화

그림 1-22
후카자와 환경공생주택단지
내의 벽면 녹화

② 우수이용 시스템 구축

가. 지붕의 빗물을 모아 지하 저류조에 저장하여 청소 및 조경용수로 사용하고 있다.

나. 지하 저류조의 빗물을 고령자시설의 화장실 용수로 사용한다(그림 1-23).

그림 1-23
기존의 우물 14개 중 4개소 보존하여 단지 내 시냇물과 화단용으로 사용하고 있다.

③ 바람이용 시스템

가. 풍력발전시설을 설치하여 연못의 물을 순환시키는 펌프의 전력으로 이용한다.

나. 단지 및 건축물 내부의 원활한 통풍을 위하여 바람길을 조성하였다 (그림 1-24).

그림 1-24
기후가 습하기 때문에 바람이나 햇볕을 이용하여 이불을 말리거나 통풍을 위한 바람길 통로로 발코니를 막지 않고 남겨 두었다.

④ 태양광발전시설 도입

가. 지붕의 태양광 발전 패널을 이용하여 온수를 생산하는 패시브 솔
   라시스템을 설치하였다(그림 1-25).

나. 태양열과 2기의 풍력발전기를 이용하며 위치와 크기가 다른 단지
   내 14개의 가로등의 전력을 공급한다(그림 1-26).

그림 1-25
후카자와 환경공생주택단지
내의 태양광 발전 주택

그림 1-26
후카자와 환경공생주택단지
내의 태양광 가로등

⑤ 후카자와 환경공생주택 단지의 상징성

가. 최초로 지방자치단체에서 추진한 환경친화형 주거단지다.

나. 용적률 83.9%로 사업성을 우선하기보다는 환경을 고려한 저밀도
   계획이다.

다. 기존에 이곳에 살던 주민들의 생활양식을 고려한 맞춤형 설계를 시도했다(그림 1-27).

라. 인근지역주민들을 위한 배려로 편의시설인 노인요양시설 및 도로를 개방했다.

마. 당시로서 아무도 추진하지 않았던 '환경친화형 주거단지'를 처음으로 시도하였다(그림 1-28).

그림 1-27
후카자와 환경공생주택의 주민친화형 텃밭과 자전거 보관소

그림 1-28
좌측건물은 2층부터 고령자 주택17호, 우측 공공임대주택은 재택요양서비스를 받을 수 있는 주택6호를 배치.

⑥ 기타 환경공생주택 시스템

가. 지하수이용: 재건축 이전에 존재했던 우물을 보전하여 조경수 및 청소용수로 사용한다(그림 1-29).

나. 재건축 이전의 주택의 목조를 조경시설로 재사용: 기존 곤충을 보전하는 효과 및 자연환경과의 조화를 고려하였다.

그림 1-29
재건축 이전의 우물을 보
전하여 조경수 및 청소용
수로 사용18

5. 에코빌리지 츠루카와(鶴川)

1) 개요

일본의 도쿄도(東京都) 마치다시(町田市)에 위치한 에코빌리지 츠루가와
(鶴川)는 2004년 12월 건설 조합이 설립되어 2006년 12월 완공된 생
태주거단지다. 츠루가와는 기존의 주택 건설방식에서 벗어나 참가자
모집 및 조합 설립 후 토지취득에서 공사까지를 조합원들이 설계자
및 시공자로서 함께 참가하는 코퍼러티브(cooperative) 하우스 방식으
로 건설했다고 한다(표 1-3).

---

18 대한 건설 정책연구원, 세계 각국의 녹색도시 개발 현황 분석 및 녹색건설성장을 위한
   대응방향 연구, 2010, p.85.

표 1-3 코퍼러티브(cooperative) 하우스 방식을 채택한 츠루가와(鶴川)의 현황

구분	내용
위치	• 도쿄도 마치다시
규모 및 개발기간	• 대지면적: 2,500.15㎡, 연면적: 1,995.72㎡ • 2004년 12월 조합 설립 2006년 12월 완공
수용세대	• 공동주택 30호(29세대, 집회실)
건축비	• 총공사비: 20억 3천만엔(환경공생주택 시스템: 8천만엔) • 정부보조: 9억엔, 나머지 구 부담(11억 3천만엔)
개발주체	• 에코빌리지 츠르카와(가칭) 건설 조합
설계자	• AMBIEX 아틀리에(대표: 아키노리 사가네) 외 3사
개발특징	• 코퍼러티브(cooperative) 하우스 방식 도입 • 외단열공법 적용 • 태양열 온수 시스템, 풍력발전, 빗물이용 및 옥상정원 등

참고: http://green.kosca.or.kr/greengrowth/greengrowth_17.asp?gbn=6 2017년 3월 10일 검색.

2) 시사점

① 코퍼러티브(cooperative) 하우스 방식 도입

가. 이 방식은 참가자 모집 및 조합 설립 후 토지취득에서 공사까지 조합원들이 설계 및 시공 과정에 함께 참여하는 방식을 말한다.

나. 사업주체는 참가자들이 설립한 건설조합이며, 건축공사비는 비싸지만 분양 및 추가 이익배분이 없어 결과적으로 사업비용을 낮출 수 있다.

② 에코빌리지 츠루카와의 외단열공법을 사용

가. 단열재를 외부에 일체형으로 시공하고, 단열재와 외장재 사이에 환기층을 두는 공법을 사용했다(그림 1-30).

나. 츠루카와의 주택은 대부분 일본 주택성능표시기준의 에너지절약 대책등급 4인 열손실계수 2.7보다 양호하다.

다. 대부분의 주택에서 이 지역의 열손실계수 1.9와 비슷한 수준을 보이고 있다.

열은 항상 뜨거운 곳에서 차가운 곳으로 이동한다. 열손실계수란 외기 온도가 1℃만큼 실온보다 낮다고 가정한 경우 외벽, 바닥,

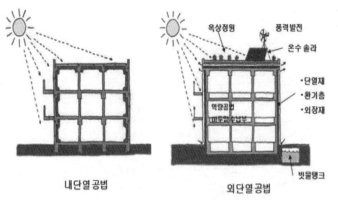

그림 1-30
에코빌리지 츠루가와
(鶴川)의 외단열 공법[19]

천장, 창 등의 외주 부위를 통과하여 옥외로 도망가는 열량과 자연 환기에 의해 손실되는 열량의 합계를 건물의 연 바닥 면적으로 나눈 수치를 말한다. 이 계수는 건물의 단열 성능, 보온 성능을 나타내는 수치로서 널리 쓰이고 있다.[20]

③ 에너지저감 시설

가. 태양열을 이용한 온수 시스템과 풍력발전시설, 빗물이용시설 그리고 LED조명을 도입하였다(그림 1-31).

그림 1-31
에코빌리지 츠루가와
(鶴川)의 태양열 온
수 시스템 모습

19 http://green.kosca.or.kr/greengrowth/greengrowth_17.asp?gbn=6 2017년 3월 10
일 검색.
20 네이버 지식백과, 열손실 계수 [specific heat loss coefficient, 熱損失係數] (건축용
어사전, 2011. 1. 5., 성안당) 2017년 3월 21일 검색.

나. 옥상정원에 주민을 위한 텃밭을 조성하였다(그림 1-32).

그림 1-32
츠루가와(鶴川)의
옥상정원에
조성한 텃밭모습

다. 분뇨 및 음식 쓰레기를 톱밥과 첨가제를 섞어 악취를 제거하고
발효 후 퇴비화 시키는 콤포스트(Compost)를 설치했다(그림 1-33).
라. 기타 천연원목 내장재 및 가구와 전자파 차단 커튼 등을 설치했다.

④ 유지관리

가. 츠루가와는 약 65~75%의 CO_2를 에너지 절약시설의 난방효과와
LED조명 등으로 절감하고 있다.
나. 츠루가와의 관리비는 일반주택의 1/3수준으로 매우 낮다.[21]

그림 1-33
분뇨의 악취를
제거하고 발효 후
퇴비화 시키는 콤포스트
(Compost)시설.

[21] 대한 건설 정책연구원, 2010, 세계 각국의 녹색도시 개발 현황 분석 및 녹색건설성장
을 위한 대응방향 연구, p.90.

생태도시

02

1. 하마비 허스타드(Hammardy Sjöstad)

1) 개요

스웨덴의 수도 스톡홀름에서 남쪽으로 약 5㎞ 정도 떨어진 지역에 위치한 하마비 허스타드는 약 200ha의 규모에 2만 명이 거주하고 있는 중소도시다.

이 도시는 중세시대부터 르네상스, 바로크 등 다양하고, 아름다우며, 고풍스러운 건축양식을 한눈에 볼 수 있다. 이러한 매력적인 도시의 모습은 저절로 만들어진 것이 아니라 스톡홀름시와 스웨덴 정부의 노력이 있어 가능했다. 하마비 허스타드는 제1차 세계대전 이후 발틱해와 연결된 지정학적인 위치로 인해 급속한 산업화가 이뤄졌다. 하지만 이후 전기조명기기 제조업 등이 쇠퇴하면서 땅위에는 각종 산업폐기물이 넘쳐나고 강은 중금속으로 심각하게 오염됐다. 이에 따라 스톡홀름시는 이곳을 지속가능한 친환경도시로 재생하기로 하고 1992년부터 본격적인 개발을 시작했다. 지속가능한 도시 주거형태의 모델 구축과 친수·자원순환형 생태학적 계획도시 건설을 목표로 개발을 추진, 20년이 지난 현재는 전 세계에서 벤치마킹을 하는 지속가능한 도시로 탈바꿈했다(그림 2-1). 하마비 녹색신도시의 조성배경, 목적 그리고 구상을 요약하면 다음과 같다.

그림 2-1
스톡홀름의 녹색도시
하마비 허스타드.1

① 하마비 녹색 신도시 조성배경(표 2-1)

가. 이 지역은 스톡홀름시 남부 호수 주변의 쇠락한 산업지역 및 항구
   지역을 도시재생을 통하여 현대적 주거지역으로 탈바꿈한 곳이다.

나. 스웨덴은 1990년대 들어오면서 도심회귀 현상으로 인해 도심 가
   까운 지역 개발의 필요성이 증대했다.

다. 이 지역은 2004년 스톡홀름의 올림픽 유치 신청을 위해 1998년부
   터 생태적 올림픽촌으로 본격적인 개발이 추진되고 있었다.

라. 간선철도와 고속도로 등 다양한 간선 축과 연계되어 접근성이 양
   호하고, 도시개발의 잠재력이 높다.

표 2-1 하마비의 개발 개요

구분	내용
위치	• 스톡홀름 도심의 남쪽 5km 떨어진 지역
규모 및 개발기간	• 부지면적: 250ha, 계획인구: 약 25,000명 • 개발기간: 1993년 ~ 2015년(8,000호, 17,500명)
개발주체	• 스톡홀름 시정부
개발방식	• 공영개발 방식(스톡홀름 시정부에서 개발 계획을 수입하고, 스톡홀름 시정부와 스웨덴 교통부를 중심으로 개발 비용을 조달)
주택소유	• 하마비의 모든 택지와 건축물은 시정부 소유이며, 이를 주민들에게 임대하는 형식으로 주민은 주거권한만 갖고 있음

1 http://www.hammarbysjostad.se/ 2017년 3월 16일 검색.

② 하마비 녹색 신도시 조성 목적

가. 스톡홀름의 주택수요를 충족시키는 것이 이 개발의 근본적 목적이다.

나. 친수·자원순환형 생태학적으로 계획된 녹색도시 건설이 목적이다.

다. 지속가능한 도시 주거형태의 모델을 구축하는 것이 목적이다.

③ 하마비 녹색 신도시 개발 구상

가. 태양광, 지열, 풍력 등의 재생에너지를 활용한 환경 친화적 도시 친환경 에너지 사용한다.

나. 중세, 르네상스, 바로크, 21세기의 다양한 도시구조에서 영감을 받아 건물 사이를 좁혀 유럽의 중세 골목이 주는 낭만적인 분위기를 조성하여 쾌적하고 아름다운주거환경을 만들었다.

다. 해변에 면한 지리적 특징을 살린 단지 배치와 해수를 정화하고 그 물을 단지 내로 유입하여 비오톱을 조성함으로서 워터프런트의 장점을 극대화하였다.

라. 세대당 차량 보유수를 1.5대로 제한하였다. 경전철과 수상택시를 운영, 카풀과 자전거를 활용하여 대기오염을 감소시키는 녹색교통수단의 중심도시로 만들었다.

2) 시사점[2]

① 세계적인 친환경을 선도하는 하마비(Hammarby) 생태신도시 개발 모델

가. 스톡홀름시는 신규 건물허가에 기술적 설비와 교통, 환경 등 엄격한 환경조건을 부여했다.

나. 하마비는 1990년 이전 조성한 다른 도시지구와 비교, 총 환경영향을 절반으로 줄이기 위해 '자원재생형도시' 구상을 통한 환경적 해법을 제시했다(그림 2-2).

---

2 http://www.hammarbysjostad.se/ 2017년 3월 16일 검색.

그림 2-2

Hammarby는 1990
년 이전 조성한 다른
도시지구와 비교, 총
환경영향을 절반으로
줄이기 위해 '자원재
생형도시' 구상을 통
한 환경적 해법을 제
시했다.

다. 종합적 자원 재생도시 모형을 위해 스톡홀름의 상수도회사, 열병
합발전회사와 폐기물관리소 등 다양한 도시 관리주체들이 협력적
으로 거버넌스를 구축하여 운영하고 있다. 거버넌스(governance)
란 정부·준정부를 비롯하여 반관반민(半官半民)·비영리·자원봉사
등의 조직이 수행하는 공공활동, 즉 공공서비스의 공급체계를 구
성하는 다원적 조직체계 내지 조직 네트워크의 상호작용 패턴으
로서 인간의 집단적 활동으로 파악할 수 있다.[3]

라. 통합적 관리체계의 도입은 신도시조성과 관리 분야의 의사결정을
촉진하여 사업의 원활한 추진과 주체간 자원의 공동이용을 가능
하게 하는 효과를 거두었다.

마. 지속가능한 도시를 만들기 위해 개발계획과 실행계획단계에 친환
경적 문제를 우선 반영하도록 하는 자체환경개발 프로그램인 '심
비오−시티모델(Symbio-City model)'또는 하마비모델을 개발했다.

바. 하마비모델은 가연성 폐기물과 하수처리 슬러지는 열병합 발전소
를 통하여 지역전력과 난방, 바이오가스(Bio-gas) 및 비료 생산으
로 이어지는 도시 통합 인프라 기반과 협력 시스템을 구축하였다.
이 모델은 에너지 환경해법, 물과 하수 환경해법, 그리고 폐기물

3 네이버 지식백과, 거버넌스 [governance] (이해하기 쉽게 쓴 행정학용어사전, 2010.
3. 25., 새정보미디어). 2017년 3월 21일 검색.

환경해법 등을 합친 종합시스템이다.

사. 하마비모델은 에너지, 쓰레기, 물 관리에 관련된 자체 고유의 도
시개발 모델로 그 핵심은 바이오가스 등 신재생 에너지를 통한
에너지 순환시스템이다.

자. 이 모델은 지구 내 난방 등의 에너지 대부분을 친환경적인 재생
에너지를 통해 얻고 있으며, 식물의 비료까지 유기 폐기물에서 생
산되는 등 도심의 생태계 순환시스템이다.

② **적극적인 신재생에너지 활용**

가. 하마비의 건물들은 태양광을 최적으로 이용할 수 있도록 설계했
고 건물 곳곳에는 태양광 패널을 설치했다. 현재 태양열은 개별
건축물 연간 난방의 50%를 공급하고 있다. 건축용 자재도 재활용
이 가능한 재료를 사용하도록 해서 폐기물 발생을 최소화하도록
했다(그림 2-3).

그림 2-3
하마비의 건물들은 태
양광을 최적으로 이용
할 수 있도록 설계토록
했고 건물 곳곳에는 태
양광 패널 설치를 유도
했다.

나. 태양열을 이용한 태양광전지(Heat panels)를 이용하여 개별 건축물
연간 난방의 50%를 담당하고 있다.

다. 가연성 폐기물을 지구 내 난방 및 전력생산에 이용되도록 전환하
였다.

마. 자연으로부터 나오는 바이오가스도 지구 내 난방과 전력 생산이
가능하도록 전환하였다.

바. 처리된 하수로부터의 열은 주택단지 내 난방과 냉방용으로 사용
할 수 있게 전환하였다.

③ 물과 하수 환경해법 제시 및 수변공간 활용한 녹색 주거 단지 조성

가. 하수처리 찌꺼기의 분해로부터 바이오가스를 추출하고, 처리된
하수찌꺼기는 비료로 활용한다.

나. 정원과 지붕 빗물은 하수처리장이 아니라 하마비호수로 보낸다.

다. 하마비는 수공간, 수변구조물, 녹지공간, 그리고 주거동으로 연결
된 자연친화적 주거단지다(그림 2-4).

그림 2-4
수공간, 수변구조물,
녹지공간, 그리고
주거동으로 연결된
자연친화적 주거단지다.

④ 폐기물 환경해법 제시

가. 각 가정에서 배출되는 쓰레기는 분리수거를 거쳐 땅속에 매설된
진공관을 통해 폐기물 중앙집하장으로 운송된다. 진공청소기의 원
리와 같은 공기압을 이용해 지하에 매설된 파이프 관로를 통해 약
70km의 속도로 폐기물 중앙 집하장까지 자동 이송된다(그림 2-5).

나. 폐기물 중앙집하장에서는 반입된 쓰레기를 선별, 압축해 소각처
리하고 있다. 이때 발생하는 열에너지는 지역난방에 활용되고 있
다. 폐수에서 걸러낸 쓰레기는 바이오 가스로 재탄생, 자동차의
연료로 사용하고 있다.

그림 2-5
하마비의 쓰레기 자동집하
및 처리시설의 모습

다. 폐기물 처리는 건물단위에 폐기물분리 낙하구를 설치하고, 구역
   단위와 지역단위에 각각 재활용실과 폐기물 분리수거함을 설치,
   운영하여 원천분류가 가능하도록 하고 있다.

라. 가연성 폐기물은 주택단지 내 난방과 전력으로 전환시키고, 신문
   지, 유리, 쇠붙이 등 재생가능 폐기물은 재활용하며 독성 폐기물
   은 소각 또는 재활용한다.

⑤ 녹색교통

가. 시민들이 출·퇴근할 때 편의를 제공하기 위해 하마비와 스톡홀름
   시내를 연결하는 배를 정기 운항시킨다.

나. 자동차에서 발생하는 매연과 이산화탄소 발생량을 줄이기 위해
   경전철, 수상택시 운영, 카풀 시스템 활성화, 자전거도로 등의 교
   통시설을 확충, 녹색교통수단 중심의 도시를 만들었다(그림 2-6,
   2-7).

그림 2-6

자동차에서 발생하는 매연과 이산화탄소 발생량을 줄이기 위해 녹색교통수단 중심의 도시를 만들었다.[4]

그림 2-7

하마비는 보행자를 위한 녹색교통수단 중심의 도시다.

다음 사진들은 하마비가 '보행자를 위한 녹색교통수단 중심의 도시'로 조성되었음을 보여준다(그림 2-8).

그림 2-8
보행자를 위한 녹색교통수단

2. 프라이부르크(Freiburg)

1) 개요

라인강과 슈바르츠발트(黑林)로 유명한 독일 남부의 작은 도시 프라이부르크는 '독일의 환경수도'라고 불린다. 프라이부르크가 이처럼 독일의 환경도시가 된 배경은 74년 독일, 프랑스, 스위스의 접경지대에 3개의 핵발전소가 들어서려 할 때 건설을 반대한 주변 와인 농가 주민들이 새로운 에너지 대안을 스스로 제시하기 시작하면서였다.

환경적으로 건전한 농업, 지속가능한 에너지, 그리고 새로운 삶의 양식 등을 모색하는 새로운 환경단체들이 계속 결성되었다. 이들은 프라이부르크 시 당국뿐만 아니라 전 독일의 환경문제에 관해 끊임없이 압력을 행사하고, 더 나아가 새로운 대안을 제시하고 있다. 이러한 노력의 일환으로 이제 프라이부르크는 환경에 관한 한 가장 선진적인 도시로 손꼽히고 있다.

1986년 다른 도시보다 훨씬 먼저 환경청을 만들었던 프라이부르크는 핵에너지 반대와 함께 에너지 이용과 난방, 대기와 수질 관리를 통합하는 환경계획을 수립했다. 이러한 노력의 결과는 1992년 독일환경지원협회가 개최한 환경도시 콘테스트에서 우승으로 이어져 마침내 '자연과 환경의 보전에 공헌한 연방도시'라는 칭호를 받아 독일의 환경수도가 되었다(그림 2-9).

그림 2-9
독일의 환경수도
프라이부르크 도심의
중세 성문 슈바벤토어
(Schwabentor).

2) 시사점

① 태양에너지 난방

1992년 6월 시의회는 정부 건물이나 정부가 임대하거나 판매하는 토지 등 시정부가 영향력을 행사할 수 있는 모든 경우에 대해 에너지

그림 2-10
호텔 옥상의 태양 전기판

저소비형 건물만을 지을 수 있도록 하는 정책을 채택하여 단열제 확충, 태양에너지 이용, 건축 기준 확립을 골자로 하는 에너지 저소비형 건물을 짓도록 하고 있다. 이렇게 되면 물론 건축 비용은 증대하지만 나중에는 결국 에너지 절약을 통해 비용이 상쇄된다(그림 2-10).

② 전력생산의 분산화

프라이부르크는 또한 독일 최초로 시간제 요금 제도를 도입한 도시이다. 기본요금은 없고 완전한 종량제이다. 이것은 에너지를 덜 쓰는 사람은 그만큼 적게 돈을 낸다는 것을 의미한다. 이 도시의 에너지와 수자원 회사인 PLG는 프라이부르크의 모든 가정에서는 3가지 시간대별로 에너지 소비가 다르게 계산될 수 있도록 하는 새로운 전력미터기를 설치했다. 가정마다 시간대별로 다른 요금이 적용되는 것이다. 이러한 정책은 에너지 절약에 경제적 인센티브를 주기 위한 것이며, 이는 수요, 관리와 함께 프라이부르크 전력정책의 기본을 이루는 '전력생산의 분산화'이다.

프라이부르크시가 지속적으로 추진하는 에너지 절약운동은 시민들의 주거문화를 크게 바꿔놓고 있다. 새로 지은 집들은 대부분 벽을 두껍게 만들고 남쪽 면에 커다란 창을 내거나 온실을 만든다. 이른바 '자연형 태양열 주택'들이다. 이렇게 비교적 간단한 방법으로 난방연료의 50% 이상을 절감할 수 있다. 개조가 어려운 기존 주택들은 지붕에 집열판이나 태양전지를 얹어 물을 데우거나 전기로 적극 활용한다. 이웃한 수십 채의 집들이 지붕 위에 나란히 검은 집열판이나 태양전지를 얹고 있는 모습은 시내 어디서나 쉽게 볼 수 있는 풍경이다. 시의회가 1992년 "저 에너지 건물만 허가한다"는 결의안을 채택한 뒤 태양에너지 활용은 더욱 활발해졌으며, 투자비의 30%는 시가 지원한다. 기업이나 상업시설에 대해서도 시가 무료상담을 통해 에너지절약을 유도하고 구조를 바꿀 경우 한화 약 3천만원까지 지원해준다.

친환경주거단지 보봉지구는 태양열(난방)과 태양광(전기로 전환) 에너지로 모든 생활을 할 수 있도록 꾸며놓은 친환경 에너지 시범단지다. 1

그림 2-11
보봉지구에 있는
태양열에너지 집적
호텔에는 태양열
에너지를 조절하는
역할을 하는 담쟁이덩굴이
건물에 길게 늘어뜨려져
있다.[5]

그림 2-11
보봉지구에 있는
태양열에너지 집적
호텔에는 태양열
에너지를 조절하는
역할을 하는 담쟁이덩굴이
건물에 길게 늘어뜨려져
있다.[5]

년에 1,840시간 태양이 비추는 마을이다. 태양광(전기 판매)으로 가구당 매달 250유로(한화 31만원) 순수익을 올리고 있다. 이외 가축분뇨와 곡물, 음식쓰레기를 활용한 바이오에너지도 생성해낸다. 보봉지구의 호텔 건물의 벽은 담쟁이가 뒤덮고 있다. 담쟁이는 낮에는 태양 볕을 차단해주고 밤에는 보온 효과를 주는 역할을 한다(그림 2-11).

③ 소각보다는 매립

프라이부르크는 환경적으로 친화적인 쓰레기 관리 시스템을 채택하고 있다. 이 시스템은 쓰레기 발생량을 원천적으로 줄이고 생물공학적 원리에 입각해서 쓰레기를 처리하기 위한 것이다. 시는 유치원과 학교, 일반 시민들과 각종 산업체에 쓰레기 관리에 대한 정보를 제공하고 쓰레기를 줄이도록 유도하고 있다.

프라이부르크는 1980년 초반부터 값비싼 쓰레기처리시설 투자보다 포장 줄이기와 재활용 등에 주력했다. 그 결과 1991년 약 43만 톤에 이르던 쓰레기량이 1997년 약 28만 톤으로 3분의 1이나 줄었다. 반면 자원 재활용률은 1990년 19%에서 1997년 44%로 2배 이상 늘었고, 2015년 현재 70% 수준으로 다른 대도시의 50%에 비하면 매우 높

---

5 http://www.idomin.com/?mod=news&act=articleView&idxno=524657 2017년 3월 14일 검색.

은 수준이다.6 또한 한편으로는 다시 사용할 수 없거나 재생할 수 없는 쓰레기들을 모아서 조각내고 썩혀 발효시킨 다음에 거름으로 사용하거나 작은 매립지로 가져간다. 이러한 계획은 쓰레기를 줄이는 것을 장려하고 소각로가 뿜어내는 다이옥신을 만들어 내지 않는다. 이는 매립지에서 발효시키는 비용이 소각에 드는 비용보다 훨씬 더 싸고, 더 중요한 것은 매립의 장점을 시민들이 쉽게 납득한다는 점이다(그림 2-12).

그림 2-12
천연비료로 재활용하는
음식물 쓰레기.7

④ 지속가능한 교통정책8

프라이부르크 교통정책의 목표는 '트램 중심의 근거리 대중교통시스템 확충', '자전거 이용의 촉진', '자동차 교통을 억제하기 위한 교통정온화정책', '도심부 자동차 교통의 진입 제한' 그리고 '시내 중심부의 주차요금을 주변보다 비싸게 받는 주차장정책' 등과 같은 지속가능한 교통정책을 추진하고 있다. 대중교통 수단과 자전거, 개인차량이 각각 전 교통 부하의 1/3씩을 차지하도록 만드는 것이 목표다. 이러한 교통정책은 세계 각국 전문가들의 관심을 끌고 있다. 22만명의 소도시인 프라이부르크에는 지하철은 없지만 트램(Tram, 노면전차)이

6 http://blog.naver.com/innovation-academy/220528101187 2017년 3월 14일 검색.
7 http://blog.naver.com/innovation-academy/220528101187 2017년 3월 14일 검색.
8 정병두, CITY 50 - 지속가능한 녹색 도시교통, 한숲, 2016, pp.162-163.

다니고 있다. 트램 노선을 거미줄처럼 촘촘히 연결했고, 주거 단지에
는 트램 대신 버스를 투입해 생활 불편이 없도록 했다. 1984년에 이
산화탄소를 줄이기 위해 환경정기권 '레기오 카르테(Regio Karte, 연간
530유로, 한화 70만원)'를 도입하였다. 초기에는 시내의 노면전차와 버스
의 전 노선 이용을 목적으로 도입되어 프라이부르크 인근에서 대중교
통 수단 이용의 붐을 조성하는 데 많은 기여를 했다. 연간 300만유로
(한화 40억원)의 적자가 발생하지만, 대중교통 활성화를 위해 지속적으
로 정책을 추진하고 있다. 이 같은 정책으로 프라이부르크의 교통 분
담률은 자동차가 20%인 반면, 대중교통이 45%나 차지하고 있다. 프
라이부르크 교통 분담률의 나머지는 자전거가 35%를 책임지고 있다.
정책적으로 '자동차만큼 빠른 자전거'라는 컨셉으로 자전거 이용률을
높이는 계획을 추진하고 있다. 대표적인 정책인 자전거고속도로는 일
반 자동차고속도로와 마찬가지로 자전거만 통행이 가능하며, 신호등
이나 교차로가 없다. 프라이부르크에는 자전거 전용도로 중간에 자전
거 운전자들을 위한 교회가 있을 정도로 인프라가 잘 구축되어 있다.
2015년 프라이부르크에서는 연간 자전거 통행량 측정을 위해 계측기
를 설치했다. 계측기에 따르면 7월 초에는 통행량이 150만대를 돌파
했으며, 하루 중 오전 출근시간대가 지나면 3천대 이상의 자전거가
통행하는 것으로 나타났다(그림 2-13).

그림 2-13
프라이부르크는
자전거의 도시다.

⑤ 베히레

프라이부르크 중앙역에서 곧바로 이어지는 도심부 약 0.5㎞ 지역은
차량통제 지역인 보행자전용공간과 트램 중심의 트랜짓 몰(Transit
Mall)로 조성되어 있다. 바닥은 다양한 크기의 돌로 포장되어 있고, 가
게마다 입구는 독특하게 돌로 디자인하여 보행자들에게 색다른 즐거
움을 준다. 시 중심가에 들어서면 고색창연한 오래된 건물이 즐비하
게 서 있고, 높은 곳에서 낮은 곳으로 자연스럽게 물이 흐르도록 설
계된 노출수로가 시내 골목마다 거미줄처럼 연결되어 있다. 흑림에서
흘러나온 드라이잠(Dreisam) 강의 물을 경사진 프라이부르크 시내의
이 수로를 거쳐 흘러 내려가게 함으로써 도심의 홍수를 방지하고 도
심에 신선한 바람을 불어 넣는데도 일익을 담당하고 있다. 베히레
(Bächle)라 불리는 이 수로는 예전에 쓰레기를 버리거나 불 끄는 데
쓰곤 했었다. 이 수로는 총연장이 8.9㎞이며, 그 중 노출되어 열려진
구간은 5.1㎞에 이른다. 베히레는 폭이 대략 15~75㎝ 정도로 넓지는
않으나 오래된 도심을 중심으로 시내 전역을 통과하면서 흘러 매우
신선한 느낌을 주며 프라이부르크를 상징하는 독특한 이미지 요소로
관광 상품으로 한 몫을 하고 있다. 또한 이 수로가 도시 내부로 들어

그림 2-14
다양한 베히레의
모습

오면서 도시 내의 온도조절과 시월하고 청결한 환경을 유지하는 데도 적지 않은 기여를 하고 있다. 이외에도 프라이부르크에서는 건축계획을 통제하여 바람 길을 조성함으로써 도시 내에서 대기정화를 유도하고 있다(그림 2-14).

3. 기타 생태도시

1) 브라질 쿠리치바

브라질의 쿠리치바시는 대중교통 체계가 다른 남미의 도시에 비해 잘 갖추어져 있으며, 주요 도로에는 급행간선버스(bus rapid transit, BRT)가 달린다. 이 노선의 버스는 길고 세 부분으로 나뉜 굴절 버스이며, 원통형 정류장은 버스승강대와 같은 높이의 플랫폼과 장애인이 쉽게 승하차 할 수 있게 휠체어 리프트가 구비되어 있다. 특히 정류장 규모도 보행밀도를 고려해 2~3개를 이어 붙여 아름다운 외관을 잘 살리고 있다(그림 2-15).

그림 2-15
쿠리치바 주요 가로를 달리는 급행간선버스 (bus rapid transit, BRT)인 굴절형 버스9

쿠리치바 인구의 85%가 이용하는 이 교통체계는 콜롬비아 보고타의

트란스밀레니오, 에콰도르 과야킬의 메트로비아, 미국 캘리포니아 주 로스앤젤레스의 오렌지라인에 영향을 주었으며 파나마 시와 필리핀 세부 시의 미래 교통 체계에도 본보기가 되고 있다. 우리나라 서울특별시도 이명박 시장 재임 시 도시 기본계획에 쿠리치바시의 생태도시 경험과 대중교통체제를 반영하였다. 최근 세종시도 이 도시를 벤치마킹, BRT 중심의 대중교통도시 건설을 목표로 하고 있다. 이 도시는 각별히 녹지 보호에 나서고 있어 1인당 녹지 면적이 54평방미터에 이른다.

최근 기후변화 대응 필요성 및 환경에 대한 인식 제고와 대중교통중심의 도시공간구조 재편, 승용차중심의 교통문화 탈피, 도시생활의 질적 변화 요구 등 다양한 명분들이 맞물리면서 대중교통중심도시개발(TOD, Transit Oriented Development)에 대한 관심이 높아지고 있다. 쿠리치바는 TOD(대중교통중심 도시개발)을 가장 먼저 시도한 생태도시다. 브라질 남부 파라나 주의 주도인 쿠리치바(Curitiba)는 리우데자네이로에서 남서쪽으로 800km 떨어진 곳으로 평균고도는 900미터인 아열대 지역에 위치하며 총면적은 432㎢. 인구 약 200만 명 규모의 이 도시는 '꿈의 생태도시'라는 세계적인 찬사를 받으면서 전 세계로부터 벤치마킹 행렬이 꾸준히 이어지고 있다. 쿠리치바는 특히 가장 효율적이고 창조적인 대중교통 시스템을 갖춘 생태교통의 모델 도시로 각광받고 있다. 쿠리치바 역시 1950년대부터 급속한 인구증가와 자동차 증가로 제3세계의 다른 도시들처럼 심각한 도시화를 겪었다. 특히 1970년대 농업 기계화로 농민 등이 도시로 몰려들었고 이들 주민들은 시 외곽에 무허가 판잣집을 짓고 살았으며, 도시는 치안부재와 교통의 혼잡, 빈번한 홍수로 마비 상태에 빠졌다. 그러나 지금 쿠리치바는 1990년 효과적인 에너지 절약으로 '국제 에너지 보존기구(IIEC)최고상' 수상, 유엔으로부터 '우수환경과 자원재생상'을 수상한 자치도시의 성공사례이다.

쿠리치바의 도시계획은 1971년 건축학도 출신의 자이메 레르네르

0%94 2017년 3월 14일 검색.

(Jaime Lerner) 시장이 취임 '낭비와의 전쟁'을 선포하면서 본격적인 마스터플랜을 수립했다. 그는 제일 먼저 신형 버스 운행체계의 건설을 시작했다.

① **3중 도로 시스템:** 도시계획이 있기 전 쿠리치바는 중심지에서 외곽까지 방사형으로 무질서하게 뻗어 있는 도시였다. '쿠리치바 도시계획 연구소'는 1970년 도로 교통망 재조사를 기점으로 새로운 교통체계를 구축하기 시작했다. 1974년 급행버스의 도입과 버스 전용차선제가 실시되었고, 도로 양쪽으로는 자동차가 들어오고 중안차선으로는 버스가 나가는 '역류 버스 전용차선제'가 실시되었다. 이 3중 도로 시스템은 오늘날 세계에서 가장 완벽한 대중교통 시스템으로 평가받고 있다 (그림 2-16).

그림 2-16
쿠리치바의 환승시스템은 서울시의 원조가 되었다.

② **원통형 '튜브' 승강장:** 지하철 승강장에서 얻은 발상으로, 버스 발판과 같은 높이의 원통형 '튜브' 승강장으로 만들었다. 원통형 승강장은 비가와도 안으로 스며들지 않게 설계됐고, 의자를 설치해 버스 이용자들이 독서를 하면서 편안하게 버스를 기다릴 수 있다. 또 지하철처럼 승차하기 전에 요금을 지불하는 방식을 채택해 승차시간을 아꼈는데 그로 인해 버스의 공회전 시간도 줄어 연료소비가 35%나 감소했다. 대기오염 방지효과까지 거둔 것이다. 게다가 버스문과 승강장의 높이를 같게 해 장애인의 이용을 쉽게 했고, 승차권 한 장으로 다른

버스에 환승할 수 있게 했다. 지하철 건설비용의 80분의 1로 이와 같은 시스템을 구축한 것이다. '땅 위의 지하철'이라고 불리는 쿠리치바의 버스 이용객은 하루 180만 명, 버스의 수송 분담률이 자그마치 75%에 이른다. 쿠리치바의 교통 시스템은 경비나 효율 면에서 뉴욕의 지하철보다 300 배나 능률적이라고 한다. 이와 함께 일찍이 자전거 도로망이 갖춰지고 보행자 중심의 도로시스템을 구축했다. 특히 자전거 도로망은 1977년에 구축됐으며 레저용과 통근·통학용으로 구분된다. 또한 보행자 전용 도로도 잘 갖춰져 있다. 이처럼 쿠리치바의 교통 정책은 도로에서 차량보다 보행자와 자전거를 타는 시민을 우선시 하고 있다(그림 2-17).

그림 2-17
쿠리치바의 원통형 승강장은 비가와도 안으로 스며들지 않게 설계됐고, 의자를 설치해 버스 이용자들이 독서를 하면서 편안하게 버스를 기다릴 수 있다.10

③ **보행자중심**: 최초의 보행자 거리로 지정된 곳은 도심에 있는 보카말디타(Boca Maldita) 거리이다. 이 거리는 1970년대 초에 시민들의 집회 장소로 이용되던 곳으로 거리 미술제나 자유로운 연단 모임이 열리기도 한다. 이후 도심의 여러 도로가 보행자 전용으로 전환됐다. 또 역사 보전 지구에 설치된 한 개의 지하보도 외에는 도시 전체에 지하도와 육교를 설치하지 않아 일반 보행자뿐 아니라 노인, 어린이, 장애인 등 교통 약자의 편의를 최대한 배려하고 있는 점도 우리나라 도시들이 본받아야 할 부분이다(그림 2-18).11

---

10 https://ko.wikipedia.org/wiki/%EC%BF%A0%EB%A6%AC%EC%B9%98%EB%B0%94 2017년 3월 14일 검색.

11 http://www.ggilbo.com/news/articleView.html?idxno=233277 2017년 3월 14일 검색.

그림 2-18
쇼핑상가에 차로를 대신할
보도를 많이 만들어 대중
교통의 이용을 높였다.

2) 영국 밀턴 케인즈

필자가 영국 유학 시 세 번이나 방문했던 밀턴 케인즈(Milton Keynes)
는 가장 성공한 전원도시로, 영국의 마지막 신도시이자 '나무 도시'
혹은 '자족 도시'로 알려져 있다(그림 2-19). 이 도시는 런던에서 M1고
속도로를 따라 북쪽으로 84㎞에 위치해 있다. 인구 16만의 비교적 큰
도시인데도 주택들이 빽빽이 늘어선 나무속에 숨어 있어 마치 농촌마
을처럼 보인다(그림 2-18). 이 도시는 중심지로부터 약 1시간 거리, 약

그림 2-19
이 도시는 녹지를 먼저
조성한 뒤 건물을 배치한
점이 다른 도시와는
다르다.12

12 https://www.milton-keynes.gov.uk/ 2017년 3월 14일 검색.

80km에 주거 지역을 조성하였는데, 그린벨트를 살려 도시로부터의 환경 영향을 최소화하고 쾌적성을 유지하였다. 이러한 도시 구조적 토대를 기반으로 하여 지속가능한 환경정책을 수립하여 시행하고 있다. 그 예로 녹지정책, 교통체계와 에너지절약 정책을 들 수 있다.

① **녹지의 배치:** 이 도시는 녹지를 먼저 조성한 뒤 건물을 배치한 점이 다른 도시와는 다르다. 건물은 나무높이보다 높아서는 안 되며 최대한 오픈스페이스를 살려 열린 공간을 지향하고 있다. 산을 깎고 땅을 평평하게 만들어 건물을 세우는 우리나라의 개발방식과는 달리 밀턴 케인즈는 구릉을 보전하고 나무와 숲을 보전하면서 개발하였기 때문에 대표적인 생태도시의 사례로 꼽힌다.

② **교통체계:** 밀턴 케인즈는 10개의 가로 길과 11개의 세로 길을 교차시킨 불규칙한 격자형 도로망을 구축했다. 이는 격자형 도로망의 특징 중의 하나인 어느 곳이든 최단거리로 이동하게 해준다. 도로망이 격자형으로 설계된 만큼 중앙을 중심으로 시설들이 집중되어 있는 여타 도시와는 달리 산업, 주거, 상업시설들이 골고루 분산되어 있어 교통난을 완화시켜주어 막힘이 없는 도로 여건을 만들어 주었다. 또한 도시 시설들이 완전히 분산되어 있으면 그 시설들의 효율이 떨어지는 만큼 역을 중심으로 CMK(Central Milton Keynes)라는 저밀도의 상업지역을 계획하여 분산되어 발생할 수 있는 시설의 효율성 저하와 같은 도시 문제들을 최소화하려 했음을 알 수 있다. 밀턴 케인즈 도로망의 또 다른 특징은 '라운드 어바웃(Round About)'이라는 신호등 없는 교통체계인데, 자동차는 둥근 라운드 어바웃을 돌아 어디로든 원하는 방향으로 갈 수 있다. 라운드 어바웃은 원형교차로의 일종이며, 일반적으로 세 방향 이상의 도로를 원형 공간을 통해 연결한 것으로, 원형 공간의 중앙에는 통행을 금지하기 위해 교통섬이 설치되어 있는 경우가 있다. 우측통행인 우리나라의 경우 반시계 방향으로 통과하지만 영국이나 호주와 같이 좌측통행인 나라에서는 시계방향으로 통과한다

(그림 2-20). 라운드 어바웃의 장점은 단지 신호등이 없어 교통이 원활한 것에 그치지 않는다. 그림에서처럼 일반적으로 라운드 어바웃의 중심에는 둥근 녹지를 조성한다. 이 녹지는 도로 조경의 핵심 역할을 하며 라운드 어바웃에는 신호등이 없어 정차할 필요가 거의 없다. 그렇기 때문에 연료를 절약할 수 있고 대기 환경 보전에도 큰 도움을 준다.

그림 2-20
라운드 어바웃
(Round About)이라는
신호등 없는 교통 체계

교통량이 늘어날 경우 언제라도 도로를 확장할 수 있도록 '보유지'를 만들어 두었으며, 보행자와 자전거 이용자를 위한 '레드웨이(Red Way)'도 만들었다. 레드웨이는 자동차와 사람이 아예 만날 수 없도록 설계되었으며, 자전거라 하더라도 엔진이 달린 것은 레드웨이를 이용할 수 없다(그림 2-21).

그림 2-21
자동차와 사람이 아예
만날 수 없도록 설계된
레드웨이

③ **고효율 주택:** 교통 체계가 잡히자 에너지 고효율 주택에 관심을 가졌다. 에너지 고효율 주택은 1986년에 시작되었는데, 시 정부는 에너지 효율이 높은 주택을 실생활에 적용하기 위해 건축업자들에게 에너지 고효율 주택을 짓게 했다. 에너지 효율 등급은 건물의 단열 효과를 10등급으로 나누고 있는데, 1990년대 이후 밀턴 케인스의 주택은 에너지 효율이 7등급 이상이 되도록 규정하고 있다. 뿐만 아니라 사무용 건물에도 이 같은 노력이 확산되었다. 새롭게 건설되고 있는 '놀힐' 취업지구에는 에너지 효율이 높은 건물만 지을 수 있는데 주로 내부 기온에 따라 열을 흡수하거나 배출하는 특수 유리와 태양열 지붕이 사용되고 있다(그림 2-22).

그림 2-22
에너지 고효율 주택

④ **자족도시:** 밀턴 케인스가 이런 면모를 갖추게 된 것은 '균형과 다양성'이란 기본개념에 따라 계획되었기 때문이다. 녹지와 공원들이 하나의 띠를 이루어 고립된 녹색 섬은 없고, '레드웨이'라는 보행자 전용도로가 도시를 거미줄처럼 엮고 있으며, 모든 건물이 에너지 절약형으로 건설되었다. 이 도시가 명성을 얻게 된 데에는 뛰어난 전원 풍경도 있지만 베드타운이 아닌 자족 도시를 이루고 있는 것이 가장 큰 이유이다. 이전까지 개발되었던 방식인 베드타운의 형식에서 벗어나 산업을 유치하여 자족도시로서의 기능까지 겸하고 있다.

3) 일본 고베시

일본의 고베시(神戸市)에서는 이러한 "인간 도시만들기"의 계획 아래에서 도시경관을 형성하기 위한 도시정책을 폈다. 경관 형성의 실현을 위해서는 개발의 목적과 지역, 지구(地區)의 성격을 고려한 기법이 필요하고, 이를 위하여 고베시는 숲과 물, 도로와 광장, 공공시설 등을 전반적으로 검토하는 계획을 수립하고 지속적으로 실행하고 있다.

① **녹지의 보전**: 고베시를 둘러싸고 있는 롯코산(六甲山)의 개발은, 1953년 산 정상 부분에 영국인 무역 상인이 별장을 세우면서 시작되었다. 이러한 롯코산의 개발은 1950년대 후반기부터 유료도로, 목장, 삼림식물원 등을 개발하기 시작했다. 그 이후 고도성장정책에 따른 도시화로 롯코산의 일부분이 황폐화되기 시작하면서 여론은 산을 보전해야 한다는 방향으로 전환되었다. 이에 따라 녹지보전을 위한 조례, 국립공원 롯코산지구 환경보전개요, 골프장 등의 개발사항 지도개요 등을 정하여 자연환경 파괴의 요인이 되는 개발행위를 규제하기 시작했다(그림 2-23). 매립지를 이용한 포트 아일랜드(Port

그림 2-23
롯코산(六甲山)에서
바라 본 포트 아일랜드의
모습

Island)로 인한 공원의 기능은 녹지공원과 놀이공원, 박람회장, 다양한 전시관 등을 갖추고 자연적인 공원역할과 여가를 활용할 수 있도록 하고 있다.

② 그린네트워크: 고베시에서는 1971년부터 풍부한 녹지와 살기 좋은 고베시를 목표로 녹화(綠化) 사업을 강력히 추진하기 위해 '그린 고베 작전'을 전개하였다. 고베시의 전 지역 가운데 70%를 자연녹지로 보존하고 시가지의 30%를 녹지화한다는 것으로 시가지의 녹화, 인근 산의 녹화, 각종 시설물의 녹화, 임해지역의 녹화, 시민이 참가하는 녹화 등의 기본골격을 마련하였다. 또한 이를 위하여 '그린 네트워크(Green Network) 계획'을 중앙분리대, 가로수조성, 도로 곳곳의 녹화, 하천 변의 녹지대 조성, 가로수의 계획적 조림 등으로 실천프로그램을 마련하였다.

③ 롯코(六甲) 아일랜드 계획: 해상문화도시를 창출하고자 '롯코(六甲) 아일랜드 계획'을 마련하여 새로운 마을(New town)의 건설과 문화 레크레이션시설, 정보시설과 국제항만 대학의 설립, 해상운송 체계의 효율성을 높이는 항만기능 등 각종 사회간접시설 및 공공시설을 마련하였다(그림 2-24).

그림 2-24
녹지가 풍부한 고베 롯코 아일랜드의 모습

하천변에서는 수영장, 공원 기능을 담당할 수 있도록 다양한 프로그램을 개발하여 시민이 안심하고 즐길 수 있도록 하였으며, 해상 낚시공원, 해안의 정비를 통해 해안의 친수성을 도모하여 시민들이 여가를 즐길 수 있도록 하였다.

③ **교통녹지네트워크:** 도시구조의 골격은 동서 방향으로는 광역 자동차 도로를 주축으로 하고, 남북 방향으로는 보행자의 지역교통을 주축으로 하는 형태로 만들었다. 이러한 구조는 도시 전체의 주요 공공시설과 녹지를 연결하는 도시 또는 지구(地區)를 상징(symbol)하는 의미를 갖기도 하는데, 역사성과 지리적 특수성을 고려하여, 공원녹지와 하천녹지를 연결한 시가지의 녹지 네트워크를 형성하였다.

한편, 광장은 도로의 요소요소에 위치하여 녹지대를 형성, 시민들의 휴식처를 제공하고 있다(그림 2-25).

그림 2-25
코베의 도시공원인
수마 리큐공원

④ **지속가능한 환경정책:** 도시의 지속가능한 발전을 위해서 물, 에너지, 폐기물 등의 문제를 해결하지 않으면 안 된다. 고베시의 상하수문제에서는 롯코산(六甲山)계의 수맥으로 인하여 풍부한 상수원과 오수(汚水)와 우수(雨水)로 구분한 하수계획을 마련하여 하천오염에 대한 철저한 대비를 하고 있다. 특히, 하수처리 시설물의 일부를 시민에게 개방

함과 동시에 처리장 주변의 도로일부를 공원화하여 시민이 이용토록 하고 있다.

⑥ 대체 에너지정책: 1969년부터 각종 쓰레기를 처리하기 위해 건립한 클린 센터(Clean Center)에서는 그 곳의 쓰레기를 태워 얻은 폐열을 인근 지역의 수영장에 공급하고, 지하철의 내리막 운전 시 잔여 전력을 이용한 전력의 효율성 제고했고, 태양력을 이용한 동물원을 운용하고, 롯코산(六甲山)의 풍력을 이용한 풍력 발전을 시도하는 등 수많은 대체 에너지 정책을 추진해왔다(그림 2-26).

그림 2-26
각종 쓰레기를 처리하는
고베시의 클린 센터 전경[13]

이상으로 고베시의 지속가능한 도시 만들기에 대한 세부 사항을 살펴보았는데 여기서 도시의 기능만을 위한 도시 만들기보다는 인간과 환경이 공생하는 지속가능한 도시 만들기가 우선되었다는 것을 알 수 있다.

---

13 http://www.daiken-sekkei.co.jp/works/environRecycle_g01E.html 2017년 3월 17일 검색.

4) 스웨덴 말뫼(Malmo)[14]

말뫼는 자갈과 모래라는 뜻이다. 13세기에 처음으로 항구도시가 건설될 때 백사장이었다. 16세기 이후 대도시로 확장돼, 오랫동안 스웨덴 제3의 항구도시로 명성을 이어갔으나, 1990년대 조선업이 쇠락하면서, 도시 말뫼도 실패한 사람들의 집합소라는 오명을 안게 되었다. 이 어려운 시기에 시장직을 맡게 된 일마르 레팔루 시장은 이러한 도시를 변화시키기 위해, '내일의 도시(clty of tomorrow)'라는 지속가능한 친환경 도시 프로젝트라는 본격적인 비전을 제시하였다. 이 비전은 100% 신재생 에너지를 활용하여 에너지를 공급하겠다는 친환경 프로젝트였다. 이 프로젝트가 성공하면서, 말뫼는 본격적인 친환경도시로서의 면모를 갖추게 되었다.

① **생태주거단지:** 말뫼역에서 시내버스로 10분 거리에 위치한 친환경 주거지역이 바로 'Bo01지구'다. 이곳에는 기이한 형태의 터닝 토르소(Turning Torso)란 높은 빌딩이 가장 먼저 눈에 들어온다. 말뫼가 친환경 도시가 되기 전의 도시의 랜드마크는 '코쿰스 조선소 크레인'이었다. 조선업의 쇠락으로 쓸모없어진 이 크레인은 현대중공업에 1달러에 팔리는 수모를 겪었다고 한다. 당시의 산업도시의 낡은 이미지를 벗기 위해, 새로운 랜드마크를 만들었다. 바로 스페인의 세계적인 구조건축가인 산티아고 칼라트라바(Santiago Calatrava)가 건축한 54층짜리 초대형 건물 '터닝 토르소(Turning Torso)'였다(그림 2-27). 터닝 토르소란 터닝 토르소는 이름에서 알 수 있듯이 1층부터 꼭대기인 54층까지 정확히 90도가 비틀어진 멋진 디자인의 건물이다. 이곳은 말뫼의 중심이며, 랜드마크 역할도 하면서, 친환경 건물이 반드시 갖추어야 할 모범을 보여주는 '친환경 건물의 트레이드마크'다. 터닝 토르소의 건물 전체는 지역 내의 풍력 터빈으로 생산된 전기와 태양열, 지열로

---

14 http://songdoibd.tistory.com/476 송도국제업무단지, 2017년 3월 20일 검색.

그림 2-27
터닝 토르소
(Turning Torso)는
말뫼의 랜드마크이면서,
친환경 건물이 갖추어야
할 모범을 보여주는
'친환경 건물의
트레이드마크'다.

냉난방, 전력을 해결하고 있다. 또한, 거주자들이 인터넷을 통해, 자신이 소비한 냉난방, 전력, 물 사용량을 바로 확인할 수 있는 등 다양한 방법을 통해 에너지 낭비를 줄이기 위해 최선을 다하고 있다.

말뫼의 'Bo01지구'는 말뫼의 '내일의 도시 프로젝트'의 일환으로 시작된 생태 주거단지 프로젝트의 결과물이다. 'Bo'는 스웨덴어로 '거주하다'라는 의미, '01'은 이 프로젝트가 시작된 2001년을 뜻한다. 말뫼시는 EU와 국가의 지원을 받아 버려진 해안공장지대를 사들여, 1,000가구를 수용할 수 있는 친환경 생태도시로 탈바꿈시켰다. 이곳은 2007년 유엔환경계획(UNFP)이 선정한 '세계에서 가장 살기 좋은 도시'로 뽑히기도 했다(그림 2-28). 현재 22헥타르의 땅에, 1908명의 거주자

그림 2-28
말뫼의 'Bo01지구'는 말뫼의 'City of Tomorrow 프로젝트'의 일환으로 시작된 생태 주거단지 프로젝트의 결과물이다.

가 1303개의 아파트에 살고 있다.

② **지속가능한 디자인 원리:** 이 지역을 계획함에 있어 가장 중요한 요소는 바로 사람이 환경과 교감하는 것이었다. 이러한 열망을 현실화하기 위해서 만든 프로그램이 퀄리티 프로그램(Quality Programme), 즉 건설과정에 참여하는 모든 사람이 지켜야 하는 가이드라인이었다. 말뫼시는 Bo01지구 건설 이전에 개발업체들과 함께 최소 기준을 들어 가이드라인을 만들었다. 첫 번째는 자동차가 아닌, 생명체 중심의 도시여야 한다는 것이다. 이것을 위해, 자전거가 도시의 주요 이동수단으로 이용되며, 동물들이 편리하게 녹지를 오갈 수 있도록 도시를 설계했다. 정원에 적합하지 않은 생물종의 서식을 위해서 운하공원과 수변공원을 만들었다(그림 2-29). 그리고 건물마다 새의 둥지가 될 수 있는 박스를 설치하고 중정공간에는 50여 종 이상의 스웨덴 토종 꽃을 심고, 자연적으로 식물들이 성장할 수 있도록 정원에 빈 공간을 남겨두었다.

그림 2-29

말뫼는 자전거가 도시의 주요 이동수단으로 이용되며, 동물들이 편리하게 녹지를 오갈 수 있도록 도시를 설계했다.

또한, 100% 신재생 에너지만 사용하는 것을 필수조건으로 내걸었다. 그 결과, Bo01의 1,000가구는 지역에서 생산된 신재생 에너지만을 100% 사용하고 있다. 전력은 빌딩 10개의 옥상에 설치된 태양열판과 태양전지, 풍력으로, 음식물 쓰레기는 차량용 바이오 가스로 재생시켜 사용하고 있다. 또한, 카풀시스템과 바이오 가스 버스 도입 추진 등 여러 시스템과 조항들을 통해 에너지를 절약할 수 있는 다양한 방법을 제시하고 있다.

작년 2016년 말뫼에서는 자전거족을 위한 자전거 전용 아파트가 건설되고 있다. 아파트 이름도 쉬켈후세트(Cykelhuset), 즉 자전거 집이다 (그림 2-30). 2017년 말 완공을 목표로 하고 있는 7층짜리 55가구의 이 아파트에는 주차장이 없다. 대신 자동차를 버린 사람들을 위한 여러 새로운 공간을 조성하고 있다.[15]

그림 2-30
말뫼에서는 자전거족을 위한 자전거 전용 아파트가 건설되고 있다.

③ **지속가능한 경제:** 말뫼는 친환경 프로젝트뿐만 아니라, 발상의 전환으로 인해 큰 경제적 효과도 누리고 있다. 바로 인접한 덴마크의 수도인 코펜하겐과 단일 경제권을 만들어 교류를 넓히는 방법이었다. 말뫼와 코펜하겐을 잇는 8km 길이의 다리를 건설하여, 이동 시간을 30분으로 줄이자 두 도시의 교류가 활발해져, 두 곳의 실업률이 절반으로 감소하였고, 말뫼로 거주지를 옮기는 사람도 크게 늘었다고 한다. 다리가 개통되면서부터 코펜하겐에서 일하고 집세를 내는 대신

---

15 http://www.hani.co.kr/arti/society/environment/761282.html#csidxca5a9304b99b 5faa978a0bee9423af9 2017년 3월 20일 검색.

잠은 말뫼에서 자고 일은 코펜하겐에서 하는 것이 싸다는 것이 알려져 도시의 인구는 다시 회복되고 있다고 한다(그림 2-31).

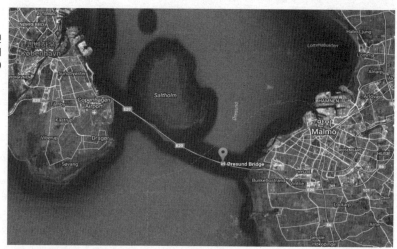

5) 하노버

독일 연방정부 산하 16개 주 가운데 하나인 니더작센(Niedersachsen) 주에 속하는 하노버(Hannover)는 인구 약 60만 명, 면적 약 20,408ha 로서 빙하기의 영향을 받아 지형은 고도가 낮고 대부분이 평지를 이루고 있다. 전체 도시 면적 중 시가화 면적과 도로 면적은 48%, 도시 내 공원녹지(13.8%), 삼림지역(17.1%), 농업지역(17.8%), 하천지역(3.3%) 등 도시 내 녹지면적이 46%에 달하여 독일 내에서도 녹지 면적의 비율이 높은 도시이다. 각종 공업이 성하여 교외에는 고무·화학·자동차·기계 등의 공장이 있다. 시가지는 제2차 세계대전으로 심한 타격을 입었으나 전후에 부흥하였다(그림 2-32).

① **연결녹지조성**: 하노버 시 도시녹지 체계의 근간은 도시 면적의 1/2에 해당하는 녹지를 끊지 않고 연결하는 것이며, 한 마디로 "집을 나서면서부터 돌아 올 때까지 자연과의 만남"을 추구하는 것이다(그림 2-33). 하노버시 도시녹지를 광역적으로 연결하는 주요 구성요소는,

그림 2-32
하노버 시는 도시 내 녹지면적이 46%에 달하여 독일 내에서도 녹지면적의 비율이 높은 도시이다.[16]

그림 2-33
하노버는 도시 한가운데를 관통하는 중심 하천과 지천을 공원, 삼림지역과 연결시키며 하천생태계의 복구를 통한 생물다양성을 추구하고 있다.

가. 주택지나 상업지의 확산을 막기 위한 녹지 지역에 대한 규제인 독일연방 및 주의 자연보전법에 따른 '자연보호지역', '경관보전지역'의 설정

나. 도심 한가운데의 대규모 공원을 기점으로 한 중심 녹지축의 설정

다. 도시 한가운데를 관통하는 중심 하천과 지천을 공원, 삼림지역과 연결시키며 하천생태계의 복구를 통한 생물다양성을 추구

---

16 http://www.hannover.de/kr/content/view/full/372028 2017년 3월 22일 검색.

라. 도심 외곽 지역의 도시농원 조성

마. 자전거 전용도로를 통해 위와 같은 도시녹지를 시민들이 자유롭고 안전하게 접근할 수 있도록 하는 교통체계 및 도로의 가로수를 이용한 녹지축 설정이라 할 수 있다.

② **보존지역 설정:** 도시 내에 보호지역을 설정하고 도시 속에 자연을 유지하기 위해 노력하고 있다. 자연보호지역은 보호종(희귀종)이나 야생 동식물의 서식처로서 중요한 식물사회를 이루는 곳과 자연학 혹은 향토학의 관점에서 중요한 지역에 설정하여 절대적인 보호를 요하는 지역이다. 경관보호지역은 자연보호지역보다는 생태학적 중요성은 떨어지나 자연 생태계의 능력을 회복하고 복구해야 할 지역과 경관이 수려한 지역에 설정하며 시민들의 여가활동과 휴양의 장소로서의 기능을 동시에 수행할 수 있는 곳이다. 이들 지역의 녹지관리 목표는 자연 및 문화자원의 보호와 이들 자원이 훼손되지 않는 범위 내에서의 이용을 조화시키는 것으로서 이용의 적합성은 철저한 영향평가를 통해 이루어진다.

브라질, 영국, 일본, 독일 그리고 스웨덴의 생태도시 사례는 단순하게 이루어진 것이 아니다. 쾌적하고 건강한 삶을 영위할 수 있도록 주변을 청결하게 하고 도시 계획과 설계를 과학적이고 체계적으로 세운다면 생태 도시로 가는 길은 그리 어렵지 않을 것이다.

생태도시 사례에서 우리가 주목해야 할 점들은,

① 생태도시는 그 주체가 시민이어야 한다. 도시구조의 모든 것은 시민과 환경의 공생관계를 이어주는 매개체 역할을 하고 있고 또한 환경적 위험지수를 초과하지 않아야 한다.

② 생태도시 계획은 장기적인 안목을 가져야 한다. 생태도시 조성을 위해서는 단기적이 아닌 장기적인 비전을 제시하고 그 이후에 구체적인 세부사항을 마련하여 계획을 시행해야 한다. 장기적인 안목을 가지고 정부, 기업, NGO, 지역 주민이 서로 협조하여 지속가능한 생태도시를 건설해야 하겠다.

③ 생태도시는 도시가 갖는 특수성을 최대한 반영해야 한다. 도시는 인구, 산업,

면적, 자연자원, 지리적 조건 등 다양한 형태를 가지고 있으므로 지역의 특수성을 고려한 생태도시가 바람직하다.

④ 생태도시는 지속가능한 개발 개념을 고려하여야 하며 미래지향적이어야 한다. 인간과 환경이 공생하는 도시, 즉 안정성과 자립성, 순환성을 충분히 고려한 도시개발이 이루어져야 한다.

공원녹지

1. 하이라인 파크(High Line Park)

1) 개요

하이라인은 원래 인근에 도살장이 있어 '죽음의 애비뉴'로 불리던 맨해튼 로어 웨스트사이드10 애비뉴에 1934년 건설된 화물열차용 고가철도였다. 교통의 발달로 차츰 이용이 줄다가 1980년에 철도 운행이 중단됐다. 1999년 조슈아 데이비드와 로버트 하먼드라는 두 젊은이가 중심이 된 시민단체 '하이라인의 친구들(Friends of Highline)'이 결성돼 2003년 뉴욕시의 지원으로 철거 위기에 있던 하이라인을 공원으로 개발하는 계획이 세워졌다. 2004년 설계 공모전에 참가한 52개 팀 중 '단순하게, 야생 그대로, 조용하게, 천천히(Keep it Simple, Keep it Wild, Keep it Quiet, Keep it Slow)'라는 명쾌한 컨셉을 제시한 제임스 코너의 필드 오퍼레이션(Field Operation)과 딜러 스코피디오 + 렌프로(Diller Scofidio + Renfro)의 공동 작업이 당선되었다. 2006년 착공한 하이라인 파크는 남쪽 갠스볼트가에서 20번가에 이르는 구간이 2009년 6월 공개됐고, 20~30번 구간이 2011년 6월, 마지막 30~34번가 구간이 2014년 9월 완공됐다. 2015년엔 남쪽 끝자락에 휘트니미술관 신관이 개관하면서 하이라인은 명실공히 뉴욕 문화예술의 메카로 각광받게 됐다. 2009년 6월 마이클 블룸버그 뉴욕 시장은 "(하이라인은) 뉴욕시가 시민에게 준 최대의 선물"이라고 '하이라인(Highline)' 개막행사에서 말

했다. 이 잡초만 무성했던 맨해튼 웨스트사이드의 화물전용 고가철도
는 뉴욕 시민의 보전 노력으로 '21세기 센트럴파크'로 변신하게 되었
다. 아래로는 갠스부르트 거리(Gansevoort Street)에서 위로는 웨스트
34번가(West 34the Street)까지 총 길이 2.3㎞, 지상 2~3층 건물 높이
(지상 약 10m)의 하이라인에는 300여 종의 야생화가 자라고, 일광욕 데
크와 벤치들이 늘어서 있다. 이 하이라인에서는 뉴저지의 전망과 허
드슨강의 노을, 패셔니스타(fashionista)들이 모여드는 미트패킹 디스트
릭트의 야경이 한눈에 들어온다고 한다. 하이라인파크의 탄생으로 공
원 주변은 뉴욕에서 가장 집값이 비싼 동네가 됐다(그림 3-1).

그림 3-1
하이라인 남쪽 끝자락에
휘트니미술관 신관이
개관하면서 하이라인은
명실공히 뉴욕 문화예술의
메카로 각광받게 됐다.

2) 시사점[1]

① **시민의 배려와 지역 전통의 존중:** 하이라인은 사용이 중단된 과거의 도
시 기반시설이었던 철도가 수행하던 가치를 이끌어내 현대의 요구에
맞게 공원으로 재해석한 공공 공간이다. 하이라인은 버려진 산업시설
에 대해 미래세대를 위해 역사의 표피적 복원이나 일률적인 철거·개

---

1 https://brunch.co.kr/@sungjeeyoo/4
  http://www.nyculturebeat.com/?document_srl=3020452&mid=People 2017년 3월
  8일 검색.

발이 아닌 창의성과 유연성으로 접근하고 그 지역의 전통을 존중하는 자세를 보여 주었다.

하이라인의 공사는 구간별로 나누어 진행했다. 급하게 설계해 빨리 완공하겠다는 생각보다 시간을 들여서 제대로 계획하고 또 한 구간에서 고칠 점이 발견되면 다음 구간의 설계에 반영하겠다는 의도였다. 이렇게 장기간에 걸쳐서 다단계로 이루어지는 방식은 현존하는 도시와 새로 지어지는 건축물이 더 유기적인 관계를 맺게 하는 데 도움이 되기도 한다. 이러한 철학을 바탕으로 30년 넘게 버려져 뉴욕의 골칫거리였던 하이라인은 뉴욕의 미래세대뿐만 아니라 현재의 주인인 시민들에게 여유와 안락함을 주는 공간으로 새롭게 다시 태어났다(그림 3-2).

그림 3-2
건물사이를 통과하는
새로운 공원 하이라인파크

② **지역 생태계의 존중**: 뉴욕 하이라인 파크는 기존 공원 풍경의 틀을 깬 곳이다. 하이라인의 최초 식재디자인의 구상은 '떠 있는 야생화밭'이었다. 하이라인의 구역별로 자라난 야생화를 관찰하고 기록했다. 태양이 많이 비치는 곳, 바람이 많이 부는 곳, 그늘진 곳 등 다른 환경조건에 따라 자라난 야생화와 초본류를 그대로 유지하는 선에서 공원을 재단장했다. 사진작가 조엘 스턴펠드는 개발되기 전 하이라인의 4계절 풍경을 담은 사진집 『하이라인을 걸으며, Walking the High Line』를 발간하여 하이라인이 가진 생태적인 풍경의 아름다움을 시민들에게 널리 알렸다. 식재디자인은 피에트 우돌프가 맡았다. 그는 하이라인이 현상공모 당시의 중요한 설계 개념이었던 '야생 그대로, Keep it Wild'의 자연스러운 식생구조를 재현하고 컨셉을 실제로 구현했던 네덜란드 출신의 식재 디자이너다. 그는 한쪽 철로는 그대로

살리고 다른 방향 철로는 걷기 좋도록 콘크리트, 폐석 등으로 높여 채웠다. 현재 하이라인에는 원래 그 곳에서 자라던 야생화를 비롯해 350종 이상의 식물이 자라고 있다(그림 3-3).

그림 3-3
하이라인의 식재 모습

③ **시민참여:** 30년 넘게 내버려졌던 고가 철로가 공원으로 탈바꿈했다. 도시의 골칫거리를 도시의 명소로 변화시킨 주역은 바로 그곳에 사는 시민이었다. 고가 철거를 위한 공청회에서 만난 조슈아 데이비드와 로버트 해먼드는 고가를 철거할 것이 아니라 잘 가꾸어 보존하는 것이 중요하다고 뜻을 모았다. 둘의 의지와 시민의 노력이 더해져 하이라인은 도시의 흉물에서 시민에게 여유와 안락함을 주는 공간으로 새롭게 태어난 것이다. 둘은 철거가 아닌 '우리와 다른 시대의 산업 유산 위에 올라서 여기저기 거닐어보는 근사한 일'을 상상했고, 이를 행동으로 옮겼다. 하이라인 구조물을 보존하기 위한 커뮤니티 '하이라인의 친구들'을 공동 창립했다. 사람들이 조금씩 관심을 두기 시작했다. 둘의 노력은 점차 성과를 거두었고 에드워드 노턴, 마사 스튜어트 등 유명인사가 함께했다. 하이라인 파크가 탄생하기까지는 둘의 노력과 더불어 항상 시민의 힘이 함께했다. 하이라인은 시민들이 발의해 조성된 공원이고, 시의 부분 지원을 받지만 뉴욕 시민과 첼시 지역민들

그림 3-4
하이라인 파크가 만들어지
기까지의 이야기를 담은
책, 『하이라인 스토리』[2]

이 합심해 자치적으로 운영되는 점이 중요하다(그림 3-4).

④ 공원을 누구나 어디에서나 이용 가능함: 뉴욕 하이라인 파크에서는 서두르지 않고 걸어도 된다. 뉴욕 시내의 새로운 모습도 보고, 중간 중간 휴식도 취하고 여행객을 위해 마련된 기념품점에 들러 구경하면서 천천히 걸어도 2시간이면 충분하다. 벤치, 계단 어디에든 앉아 뉴욕의 햇살을 누리는 것도 좋은 방법이다. 총 길이 2.3㎞, 지상 2~3층 건물 높이(지상 약 10m)의 산책로를 따라 걷다 보면 일상의 여유를 만끽하고 있는 다양한 모습의 사람들을 만날 수 있다. 벤치에 앉아 독서를 즐기는 사람, 간단하게 점심을 먹으며 친구와 담소를 나누고 있는 사람을 공원 곳곳에서 쉽게 발견할 수 있다. 남녀노소를 가리지 않고 모든 이들에게 하이라인은 도심 속에 위치한 소중한 휴식 공간으로 자리를 잡았다(그림 3-5).

그림 3-5
다양한 사람들이 조용하게
쉴 수 있는 공간이 많은 하
이라인 파크

2 조슈아 데이비드·로버트 해먼드, 하이라인 스토리 뉴욕 도심의 버려진 고가철도를 하늘공원으로 만든 두 남자 이야기, 정지호 역, 2014, 푸른숲.

⑤ **지역 경제의 활성화:** 하이라인의 컨셉은 '아그리텍처(agri-tecture: agriculture와 architecture의 합성어)다. 자생하는 자연과 인공의 통합을 일컫는 말이지만, 더 중요하게는 도시의 과거와 미래, 보존과 개발 등 흔히 상반관계로 이해되는 관계들의 공존을 가능케 할 유연성 있는 사고와 그 실현을 위한 구체적 디자인을 의미한다. 기존의 산업 공간을 보는 관점을 바꾼 것 같다. 버려진 철도가 철거되지 않고 공원으로 바뀌면서 뉴욕 시민들은 공공 공간에 대한 희망을 되살리고 미래에 자신들의 도시를 어떻게 가꿔가야 할 것인가를 생각하게 되었다. 하이라인은 도시와 역사의 역동적 관계를 중시한 활동성 중심의 공간이다. 하이라인 개발 후 이름만 대면 알 만한 기업들이 하이라인파크 근처로 사무실을 이전하면서 더욱 각광받고 있다. 공원과 건물이 분리되지 않고 그 사이에 공원이 위치한 하이라인파크에서 여유로움을 즐기고 내려오면, 바로 첼시마켓이 기다리고 있다. 첼시마켓 또한 오래된 과자공장에서 시장으로 탈바꿈한 곳으로 하이라인파크와 함께 뉴욕 시민들은 물론 관광객에게 많은 사랑을 받고 있다. 하이라인이 공원주변 지역의 경제를 살렸다(그림 3-6).

그림 3-6
하이라인 파크의
개장으로 붐비는
첼시 마켓

2. 싱가포르 가든시티[3]

1) 개요

싱가포르의 경우 다른 아시아의 대도시와 마찬가지로 다양한 개발행위에 따른 공간의 확장과 자연경관으로부터 문화경관으로의 변화는 산림지역과 습지의 급속한 개간이라는 현실로 나타났다. 이는 녹색이 전혀 없는 콘크리트 구조물의 경관을 탄생시켰다. 이러한 문제를 해소하고자 하는 시도로 싱가포르정부는 리콴유 수상에 의해 1963년부터 나무심기 캠페인을 시작했으며, 이 캠페인은 1967년 전국 가든시티 프로그램으로 발전하였다. 이 가든시티 프로그램의 목표는 싱가포르 전역을 하나의 정원으로 변모시키는 것, 즉 급속한 경제성장과 도시 발전의 결과로 훼손된 자연환경을 재창조하기 위해 도시환경을 녹색으로 가득 채우는 것이다. 원래 영국의 하워드가 제안한 가든시티는 균형잡힌 도시 개발의 형태를 성취하기 위해 '역동적이고 활발한 도시적 생활'과 농촌의 아름다움과 평온함 간의 '결합'을 대표하는 새로운 정주방식이었다. 싱가포르의 국부라 불리는 리콴유는 싱가포르를 '트로피칼(열대)지역의 가든시티'로 만들어 갈 것을 결심하고 그것을 실천하였다. 그것이 오늘날 '가든시티 싱가포르'이다.

2) 가든시티

1967년부터 지난 40년간의 노력으로 가든시티 싱가포르의 현재 모습은 '국토의 상당부분을 공원과 자연보호구역으로 지정', '고속도로를 비롯한 간선도로변의 울창한 가로수 터널 조성', '도심지와 주택단지 곳곳에 넓고 시원한 잔디공원 조성', '시내 중심가 대부분이 수목지대이며 도로변은 꽃과 나무로 장식', '호텔과 건물 베란다에도 화분을 배치해 아름다운 경관 조성', '주요 건물의 옥상과 벽면을 다층녹화',

---

3 김수봉, 옥상조경정책연구, 문운당, 2009, pp.217-258. 참고하여 다시 작성.

'도로 육교와 난간에 화목류 식재 및, 꽃나무 터널 조성', 그리고 '주
차장에도 나무를 심고 잔디 블록을 사용한 녹색 주차장을 조성'한 모
습이다.

이러한 오늘날의 모습은 1965년 말레이시아 연방으로부터 독립한 신
생 싱가포르의 수상이었던 리콴유가 1963년부터 주도한 나무심기 캠
페인과 독립 6년 전인 1959년부터 구상했던 가든시티에 대한 확고한
신념이 바탕이 되었다. 그 당시의 사회경제상황은 언제 이 신생독립
국이 붕괴될지 모르는 상황이었음에도 이러한 이상을 목표로 삼았던
것이 현재의 이 나라를 있게 한 원동력이 되었다. 싱가포르는 출발
당시부터 기본적으로 천연자원이 전혀 없었고, 적도 부근에 위치하여
열대성 몬순기후라는 매우 불량한 기후환경과 같이 근대국가로 발전
하기에는 매우 힘든 두 가지 조건을 가지고 있었다. 그러나 이러한
문제를 해결, 극복하는 것이 이 나라가 가진 다양한 사회경제정책을
실현하기 위한 선결 과제였기 때문에 <가든시티구상>이 채택되었
다. 이러한 구상에 따라 <국가를 지키려는 사람들의 생활공간>인
미기후환경의 개선을 도모하였으며, 미래국가를 위한 활력을 보장했
던 것이다. 나무심기운동(Tree-Planting Campaign)은 1963년부터 싱가
포르 전역의 빈 땅과 개발지역에 나무를 심기 시작한 운동이었고,
1967년부터 본격 가동된 가든시티운동(Garden City Campaign)은 청정
미관확보를 위한 캠페인이었다.

어쨌든 도시녹화의 경우 시각적인 측면만이 강조되기가 쉽지만, 싱가
포르의 경우에서는 도시녹화의 의의를 재인식하고 미래의 지속가능한
도시가 갖추어야 할 중요한 요소와 방향성을 제시하였다는 것에 큰
의미가 있다. 이제 가든시티 싱가포르의 지속가능한 녹화정책을 살펴
보자(그림 3-7).

그림 3-7
가든시티 싱가포르의
다양한 녹화방법

3) 가든시티의 지속가능한 녹화정책

싱가포르는 가든시티 구상을 실현하기 위하여 나름대로는 40년 이상
의 시행착오를 거치면서 제도, 계획, 디자인, 유지관리 등의 노하우를
확립하였다. 가든시티의 실현을 위한 지속가능한 제도와 방법에 대해
서 간단하게 소개하면 다음과 같다.

① **토지이용계획:** 토지이용법(Planning Act)에 따라 전 국토의 마스터플
랜을 작성하여 5년에 한 번씩 수정·보완한다.

② **토지수용:** 토지수용법(Land Acquisition Act)에 따라 시행되고 있다. 기

본적으로 토지는 국가소유이며, 마스터플랜에 따라 토지가 수용된다.

③ **개발계획의 신청:** 싱가포르에서도 개발계획, 건축계획의 신청은 이루어지고 있으나 특기할 사항은 국토개발성의 공원레크리에이션국 내 계획조정분과(Planning Control Section)가 있어 이들 계획신청도면이 관계부서에 회람되는 과정에서 계획조정분과에도 회람되어 조경분야의 코멘트가 이루어진다고 한다. 기본적으로 계획조정분과의 승인을 받지 못하면 신청이 거부된다. 이 과정에서 민관을 불문하고 전 국토의 조경에 관한 조정이 이루어지고 있다. 신청도면에는 조경계획도면의 첨부를 의무로 하고 있다.

④ **가든시티 행동위원회:** 국토개발성 산하에 가든시티를 실현하기 위하여 조정과 체크를 하는 행동위원회가 설치되었다. 이 위원회(가든시티 행동위원회)에 의해 행정 각 분과의 벽을 넘어 각 사업에 대한 가든시티실현을 위한 조정이 반드시 이루어진다. 즉, 도시행정에 있어서 가장 중요한 조정을 하는 조직이 확립된 것이다.

⑤ **유지관리:** 어떤 의미에서는 유지관리는 가든시티 행정상 가장 중요한 부분이다. 싱가포르 공원레크리에이션국 예산의 약 60%가 유지관리작업에 쓰인다고 한다. 식물을 이용한 일이므로 유지관리작업, 유지관리예산 없이는 녹화가 이루어질 수 없다. 아울러 토양개량, 시비도 철저히 이루어지고 있다.

⑥ **전국토의 잔디화:** 싱가포르에서는 전국토의 잔디화가 철저히 시행되고 있다. 잔디밭의 유지관리도 철저히 이루어지고 있으며 조금만 잡초가 있어도 제거하기 때문에 싱가포르에서는 전체적으로 아름다운 녹지 위에 건물이 배치되어 있는 듯하다.

⑦ **학교운동장의 잔디화:** 싱가포르의 대부분의 학교교정은 모두 잔디로 조성되어 있다. 따라서 비가 내린 후에도 운동장을 곧바로 사용할 수 있으며, 어린 학생들의 부상방지 측면에서도 효과적일 뿐만 아니라 아이들의 정서면에서도 아주 양호하다.

⑧ **완숙 하수오니의 이용:** 완숙 하수오니를 식재용 토양에 25% 정도 섞는다. 이렇게 함으로써 도시폐기물을 재활용할 수 있게 되어 오니도 도시녹화의 자원이 된다. 오니란 하수 혹은 폐수처리과정에서 액체로부터 고형물이 분리되어 형성되는 물질을 말한다. 영어로 슬러지 (sewage sludge)라고 부른다.

⑨ **표토(Top-Soil)의 사용:** 식재토양에는 반드시 표토가 사용된다. 기반인 심토(Sub- Soil)와는 분명히 구별된다. 흙에 대한 배려가 확립되어 있다고 하겠다.

⑩ **콘크리트 구조물에 대한 녹화:** 구조물보다 복사열 경감, 시각적인 거부감을 줄이기 위해 콘크리트 구조물은 디자인 단계에서부터 경관적인 검토가 이루어진다. 동시에 관수와 배수의 설비도 함께 구조에 포함되어 디자인 단계에서 유지관리에 대한 배려도 이루어졌다. 예를 들면, 도로의 콘크리트 구조물에는 전체적으로 녹화가 이루어지고, 콘크리트옹벽의 전면에는 반드시 30cm 이상의 녹화를 위한 식재지반이 설치되어 덩굴류 등으로 벽면을 녹화한다.

⑪ **인터 유즈(Inter Use)와 선행녹화:** 80년대 후반 세계경제변동의 시기에 인터 유즈 계획수법이 실제로 개발계획에 도입되었다. 싱가포르의 마리나 사우스 매립지는 당초 도시 시설의 수용지로 계획되었으나 경제적 변동에 의해 건설이 동결되었다. 이 기간 동안 매립지는 미사용지로 남았다. 건설동결 중 토지의 유효이용방법으로 인터 유즈가 고안되었다.

당초 신도심의 부지는 우선 잔디밭으로 조성되어 다목적광장으로 시
민을 위해 유용하게 이용되고 있다. 한국의 많은 매립지나 미사용 토
지도 이러한 인터 유즈 방법을 도입한다면 아주 유용할 것이라고 생
각된다.

⑫ 하늘정원(Sky Garden)의 조성: 가든시티를 조성함에 있어서 하늘은
극복할 수 없는 대상이다. 녹지공간을 하늘로 수직으로 이동시켜 개
개인의 주택에 좀 더 가까워지도록 하는 것이 싱가포르의 진정한 하
늘정원을 만드는 것이 목표다(그림 3-8).

그림 3-8
싱가포르 스카이 가든
(옥상정원)의 대명사
파크로얄 온 피커링호텔
(PARKROYAL ON
PICKERING HOTEL,
SINGAPORE)

도시재개발국(URA)에서는 기본계획에서 허용하는 GFA(Gross Floor Area,
연면적이란 건물 각층의 바닥면적을 합한 전체면적을 의미, '총면적'으로 순화하여 사
용) 이상으로 혼합 개발을 허용하며, 테라스의 총바닥면적을 면제해주
는 등 하늘정원의 확대·보급을 위한 개발관리지침을 발표한다. 하늘
정원의 유형으로는 건물정면에 교목, 아교목, 관목, 덩굴성 식물의 식
재로 녹지의 양적 증대를 꾀하는 수직녹화(Vertical Greenery), 건물지
붕으로 부터 훌륭한 전망과 녹화를 위한 공간을 제공하는 지붕 테라
스 조경(Landscape Roof Terraces), 고층주택에서 녹색경관을 제공하는
하늘 테라스와 발코니 조경(Landscaped Sky Terrace and Balconies), 수직
으로 다른 지역을 연결하여 쾌적하고 안락한 공간을 제공하는 하늘다
리조경(Landscaped Sky Bridge) 그리고 지상에서 고층주택까지 녹색의
연속된 수직적인 경관을 제공하는 현관입구의 조경(Landscaped Lobbies)
등이 있다.

4) '가든시티'에서 지속가능한 '가든 속의 시티'로

다음은 2005년 국토개발성(Ministry of National Development) 차관 (Second Minister)인 림 스위 세이(Lim Swee Say)가 '하늘정원 싱가포르 2005' 세미나에 참가하여 행한 연설 전문으로서 장래 싱가포르의 지속가능한 녹지정책철학을 잘 보여주고 있다.

① '가든시티'에서 '가든 속의 시티'로: 이미 가든시티 싱가포르의 위상정립은 잘 되어있는 것으로 안다. 그렇지만 우리는 여기에서 중단해서는 안 되며, 그렇게 하지도 않을 것이다. 현재 우리의 장래목표는 '가든시티'에서 '가든 속의 시티'로의 전환이다.

국립공원위원회에서는 다음과 같은 세 가지 방향으로 이 정책을 추진하고 있다.

먼저 원예산업계에서는 원예기술과 전문적인 기술을 한 단계 향상시켜야 한다. 우리는 원예종사자들의 기술을 발전시키고 또 재개발시킬 것이며, 그들의 기술을 종합적인 기술 인증제도로 편입시키고 아울러 그들의 직업을 재개편할 것이다.

다음으로 마리나 시내에 두 번째 국립정원을 만들어 원예의 수준을 상승시키는 데 노력하고, 국제가든쇼를 유치할 것이다. 이러한 일련의 움직임이 싱가포르를 국제원예 및 조경분야에서 강자로 군림하게 만들 것이다.

마지막으로 우리의 녹색자본과 녹색 인프라를 더 강화하기 위해서 공원, 공원 코넥터(연결녹지), 일반녹지 그리고 자연지역 등을 하나로 묶어야 한다.

② 싱가포르의 녹색자본의 경쟁력 강화를 위하여: 이 녹색자본이야말로 앞에서 언급한 세 가지 내용 중 가장 중요하다고 하겠다. 싱가포르가 앞으로 정원 속의 도시가 되기 위해서는 우리는 더 많은 공원과 멋진 정원을 조성해야만 한다. 국립공원위원회에서는 벌써 2010년까지 20여

개의 공원을 개선하고 조성할 계획을 가지고 있는데, 셍캉(Sengkang)의
오챠드 공원 조성과 이스트 코스트(East Coast) 또는 웨스트 코스트
(West Coast) 공원의 재개발 등을 그 예로 들 수 있겠다.

싱가포르 전역에 작은 소공원이나 녹지를 여기저기에 산재해서 조성
하는 것이 필요하며, 이렇게 해도 '가든시티'에서 '가든 속의 시티'로
전환시키기에는 부족하다. 우리는 싱가포르의 모든 녹지요소들을 연
결시켜 정원 속의 정원(Garden of Gardens)으로 만들어야 한다. 몇몇
중요한 새로운 시도들이 진행되고 있다.

③ 공원연결망(Park Connector Network): 공원을 서로 연결하는 첫 번
째 방법은 공원연결망(Park Connector Network)을 통해서이다. 2015년
까지 싱가포르의 현재의 공원과 새로운 공원들은 170km에 이르는 연
결녹지로 서로 연결시킬 것이다(그림 3-9).

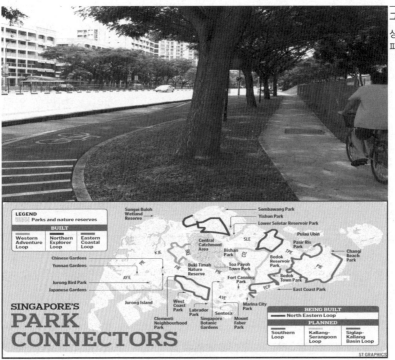

그림 3-9
싱가포르의 공원연결망인
파크 커넥터의 모습

④ **가로경관 녹지 마스터플랜**: 공원연결망과는 별도로 우리의 도로경관의 녹지는 또 다른 중요한 연결녹지이다. 도로경관녹지 마스터플랜(The Streetscape Greenery Master Plan), 줄여서 SGMP는 현존하는 도로경관을 따라 녹지를 증강시키려는 우리의 청사진이다. 앞으로 2년간 SGMP의 예비프로젝트가 싱가포르의 165개 노선과 주거단지 그리고 매우 중요한 간선도로를 따라 수행될 것이다. 공원연결망과 도로녹지는 평범한 녹지(ground level)에서 우리의 녹지자본으로 편입될 것이다.

⑤ **하늘녹화**: 우리가 지면에서 접할 수 있는 녹지는 매우 훌륭하지만 싱가포르는 고층건물의 도시이기 때문에 아직 그 면적이 충분하지는 않다. 고층건물의 개발은 그 건물의 유리, 철, 콘크리트표면 등으로 인해 아직 우리의 '가든시티'가 콘크리트정글의 모습으로 묘사된다. 이로 인하여 하늘녹지(Sky Greenery)를 증대시키는 노력이 앞으로 매우 유용할 것이다. 높은 곳의 하늘녹지는 공원연결녹지의 하나인 지표면의 도로녹지와 함께 정원 속의 도시라는 목표를 진정으로 이루게 해줄 매우 창의적이고 혁신적인 접근방법으로 삼차원적으로 싱가포르의 모든 정원을 고르게 묶어줄 것이다.

나는 매우 다양한 위원회에서 벌써 이 하늘녹지의 개념을 실천에 옮기고 있음을 매우 기쁘게 생각한다. URA(도시재개발위원회)에서는 개발업자에게 추가적인 GFA(건물바닥총면적)의 면제를 해주기 위하여 하늘테라스에 관한 검토를 최근에 했다고 한다. 이 정책은 하늘테라스의 조성으로 인해 발생한 부가적인 건설경비를 상쇄시킬 수 있는 유인책이라고 하겠다. 이 인센티브는 개발업자와 공동체 모두에게 혜택이 돌아간다.

⑥ **옥상녹화 실험프로젝트**: 하늘녹지의 개념을 우리들의 주거지 가까이에 도입하기 위해서 주택개발위원회(HDB)와 국립공원위원회(NParks)에서는 옥상녹화 실험프로젝트를 가동했다. 이 프로젝트는 풍골(Punggol) 주택단지의 복층 주차장 옥상에 위치하고 있으며, 싱가포르 최초로 옥

상녹화기술을 대규모로 실험했다. 이 실험의 목적은 아주 적은 유지관
리하에서도 자생할 수 있는 식생군락을 만들어 내기 위함이었다.

온대성 기후를 가진 나라에서 시작된 이 실험방법은 몇몇 지역에서는
벌써 시행되고 있다. 북미와 일본 그리고 유럽의 일부 지역에서 옥상녹
화는 폭넓게 수용되고 있다. 내가 듣기로 독일은 전체 보통옥상의 14%
에 이미 옥상녹화가 설치되었다고 한다. 우리에게 주어진 수많은 고층
건물 속의 고밀도의 도시환경은 또한 싱가포르가 이루 헤아릴 수 없는
옥상녹화의 가능성을 가지고 있음을 말한다. 이 실험프로젝트는 옥상
녹화가 지표면과 대기의 온도를 낮추어 주고 주택단지의 옥상의 섬광
을 막아주는 것으로 나타났다. 이 옥상녹화는 아울러 아주 삭막한 콘크
리트 환경에 생물의 다양성을 가져다주고 황량한 주위 환경을 부드럽
게 만들어 준다. 옥상구조를 새롭게 바꾸지 않고 사람이 거주하고 있는
기존의 옥상에 아주 가벼운 옥상녹화재료를 설치해도 된다고 한다.

이 예비프로젝트를 통해 얻은 경험을 가지고 우리는 더 많은 것을 할
수가 있다. 그 시작으로서 앞으로 몇 년 간 셍캉과 풍골과 같은 몇몇
HDB(주택공사) 아파트단지의 복층 주차장 옥상에 HDB(주택공사)와
Nparks(국립공원관리공단)가 합동으로 옥상녹화를 도입하려고 한다. 앞
으로 수년간 우리의 생활환경 속의 모든 녹색자본의 가치를 드높이고
지표면의 녹지를 보완하기 위하여 우리는 더 많은 옥상녹화를 볼 수
있기를 기대한다.

⑦ 인센티브: 2009년 4월 30일자 스트레이츠 타임스(The Straits Times)
의 <'더 많은 하늘정원이 만개하다, More sky gardens' set to
blossom'>라는 제하의 기사에서 BCA(Building Construction Authority)
와 URA에서 공동으로 발표한 하늘정원조경 관련 내용에 따르면 "싱
가포르의 시내 중심가인 오차드 로드(Orchard Road), 레플스플레이스
(Raffles Place), 싱가포르 리버(Singapore River)의 주변지역 그리고 서부
지역의 상업중심지로 떠오르고 있는 칼랑 리버(Kallang River)와 주롱
게이트웨이(Jurong Gateway)의 신축건물은 12월부터 반드시 옥상정원,
플랜트박스, 또는 하늘 테라스 등의 방법으로 조경을 하고, 개발업자

들은 건물의 평지도 조경을 해야 한다"고 발표했다. 기존의 건물도 예외가 없다. 오차드로드와 중심업무지구의 건물의 옥상에는 의무적으로 휴식공간을 설치해야 한다. 이를 위해서 그 건물의 주인들은 추가로 옥상면적의 50% 또는 최고 200㎡의 면적을 GFA{총(연)면적}에 추가로 제공받는다. 아울러 BCA가 부여하는 그린빌딩인증을 받는 건물에 대해서도 추가적인 GFA를 받는다. URA에서 새롭게 시작하는 이 프로그램의 이름은 Landscaping for Urban Space and High−Rise(도시공간 및 고층건물의 조경)라고 하며 줄여서 러쉬(Lush)라고 부르는데, 이는 지난 월요일(4월 27일) 열린 '정부 내 부서통합회의(Inter-Ministerial Committee)'에 의해 출범한 '국가지속가능성 청사진(National Sustainability Blueprint)' 계획의 일부이기도 하다. 이 청사진은 앞으로 20년간 싱가포르를 에너지 효율적인 국가로 만들기 위해 오염기준, 에너지사용과 공원녹지에 관한 국가목표에 관한 내용을 담고 있다. 그리고 Lush 프로그램에 더하여 국립공원위원회에서도 어제(4월 29일) 기존건물에 옥상녹화조성을 하는 개발업자들에게 제공하기 위하여 $8,000,000싱가포르달러(80억 원)의 재원을 확보했다고 발표했다. 이 재원은 올해 9월부터 개발업자들에게 옥상조경비용으로 통상 ㎡당 조경비용 150싱가포르달러(12만원)에서 180싱가포르달러(14만원)의 반에 해당하는 75싱가포르달러(6만원)를 상쇄비용으로 제공하기로 했다고 한다. 오차드로드와 시내 중심가 건물의 주인들은 이 돈을 지원받기 위해 신청이 가능하다고 한다.

5) 가든스 바이 더 베이(Gardens By the Bay)[4]

앞 장에서 언급했듯이 싱가포르는 섬 전체에 펼쳐진 다양한 종류의 나무와 꽃, 녹색의 공원, 보호구역, 실내의 무성한 꽃과 나무 덕분에 종종 가든 시티라고 불린다. 싱가포르 어디를 가든 정원과 넓은 녹지, 식물원·동물원, 고목의 가로수를 만날 수 있다. 좁은 땅덩어리에 주

---

4 http://frozenray85.tistory.com/603 2017년 3월 20일 검색.

거비율이 매우 높아 세계 최고 수준의 고밀도 지역이지만 이를 상쇄할 만큼 '그린시티'로서 손색이 없다. 온실 내에 1.28헥타르 면적의 꽃을 보유한 세계 최대 규모의 유리 온실 플라워 돔을 특징으로 하는 '가든스 바이 더 베이(GBTB)'가 최근 싱가포르 최고의 관광지로 부상하고 있다. '가든시티'에서 지속가능한 '가든 속의 시티'를 지향하는 '싱가포르 정부는 지난 20년간 꾸준히 크고 작은 공원을 조성해 왔는데 그 핵심 프로젝트 가운데 하나가 가든스 바이 더 베이(Gardens by the Bay)다(그림 3-10). 가든스 바이 더 베이는 2012년 6월 100만㎡ 규모로 싱가폴의 남쪽 마리나베이 간척지 위에 세워진, 25만 가지의 식물이 있는 일종의 식물 테마파크다. 공원은 크게 야외 정원과 온실로 나뉘지만, 이곳의 상징은 단연 '슈퍼트리 그로브(Supertree Grove)'라 불리는 철근과 콘크리트 뼈대에 패널을 붙여 식물을 심은 15~16층 건물 높이의 거대한 인공나무 숲이다. 싱가포르의 신 랜드마크로 부상한 마리나베이샌즈 호텔 스카이파크와 가까운 거리에 위치해 있다. 야외 정원과 실내 정원으로 구성된 이곳은 녹지와 형형색색의 꽃들로 가득하다.

그림 3-10
'가든시티'에서 지속가능한 '가든 속의 시티'를 꿈꾸게 하는 곳이 바로 가든스 바이 더 베이의 전경[5]

5 http://frozenray85.tistory.com/603 2017년 3월 20일 검색.

① **지속가능한 정원:** 가든스 바이 더 베이를 주목하게 하는 것은 다양한 식물군뿐만 아니라 이 정원을 환경 친화적인 관광명소로 만들기 위한 싱가포르 정부의 종합적인 지속가능한 디자인과 관련된 노력의 산물이라고 생각된다. 가든스 바이 더 베이는 에너지와 수자원을 효율적으로 사용하기 위한 계획과 조성 절차에 있어 지속가능성은 근본 원칙이었다. 가든스 바이 더 베이의 상징인 슈퍼트리는 최고 16층 높이의 버섯처럼 생긴 인공구조물로서, 거대한 수직정원이다. 나무 사이를 걸어 다닐 수 있게 공중 보행로가 설치돼 있다. 매일 밤 두 차례씩 환상적인 조명쇼를 펼친다. 가든스 바이 더 베이를 지나는 사람이라면 누구나 정원의 슈퍼트리를 볼 수 있다. 이 11그루의 슈퍼트리는 환경적으로 지속가능한 특징을 담고 있으며 그 중 몇 그루는 태양 에너지를 흡수하는 광전지를 사용하여 슈퍼트리를 밝히고 있다. 또 몇 그루는 온실의 배기구로도 사용된다(그림 3-11).

그림 3-11
슈퍼트리는 최고 16층 높이의 버섯처럼 생긴 인공구조물로서, 거대한 수직정원이다.

② **에너지절약형 온실:** 실내정원 플라워 돔으로 가면 1000년이 넘은 지중해 올리브 나무와 아프리카 바오밥나무를 비롯한 수백 가지 식물들을 바로 눈앞에서 만날 수 있다. 실내정원인데도 시원하고도 건조한 기후를 재현해 다양한 종류의 식물과 꽃이 잘 자랄 수 있는 환경을 제공한다. 두 개의 온실은 그 자체로 정원에서 가장 눈에 띄는 특징

이다. 지중해와 열대 산림을 기후를 본 딴 온실 생물군계를 가지고
있다. 식물이 그 자체로 중요한 가치를 나타낸다면, 온실은 에너지 소
비를 최대 30% 줄이는 냉방 시스템을 설치함으로써 지속가능성을 목
표로 하여 설계되었다. 또 낮은 온도에서만 공기를 냉각시켜 식물에
빛을 주면서 열은 감소시키고, 냉방 전에 플라워 돔을 제습함으로써
사용 에너지량을 줄이며, 폐열을 이용하여 에너지를 만들어 전력망
의존도를 낮춘다(그림 3-12).

그림 3-12
온실은 에너지 소비를
최대 30% 줄이는 냉방
시스템을 설치함으로써
지속가능성을 목표로 하여
설계되었다.

온실의 목표는 가능한 한 생성된 에너지를 재사용하고 에너지 낭비를
줄이는 것이다. 야외 공원의 슈퍼트리(Supertree)는 나무를 형상화한
구조물인데 다양한 식물이 구조물을 감싸 안으며 자라는 수직정원 그
자체도 멋있지만 그 안에서 싱가포르 전역에서 나오는 정원 쓰레기들
을 태워 에너지를 만든다. 또한 비가 올 때면 빗물을 저장해 온실 용
수로 활용하고, 밤에는 낮에 모은 태양열로 레이저쇼를 선보인다.

③ **물의 재활용**: 정원을 둘러보다 보면 드래곤플라이 호수(Dragonfly
Lake)와 킹피셔 호수(Kingfisher Lake)를 만날 수 있다. 두 호수 모두 가
든스 바이 더 베이 호수의 일부이며 마리나베이 저수지로 연결되는
곳이다. 호수의 물은 가든스 바이 더 베이에 물을 공급하는 사용된다.

호수는 그 자체로 수중생물의 서식지이고 생물 다양성의 훌륭한 교육의 장이다(그림 3-13).

그림 3-13
호수는 그 자체로 수중생물의 서식지이고 생물 다양성의 훌륭한 교육의 장이다.

가든스 바이 더 베이는 공학 기술과 운영에 융합된 여러 가지 지속가능성 관련 방안을 인정을 받아 비건축 부문에서 그린 마크(플래티넘 어워드)를, 그리고 건축 부문에서 그린 마크(골드 어워드)를 수상했다. 하지만 가장 인상적인 사실은 가든스 바이 더 베이가 수많은 방문객들에게 환경보호와 지속가능성, 생물 다양성의 중요성을 알린다는 점이다.[6]

3. 슈투트가르트 바람길과 옥상녹화[7]

1) 개요[8]

슈투트가르트는 독일을 대표하는 중요한 공업도시로서 바덴-뷔르템베르크주의 수도이다. 슈투트가르트의 면적은 207㎢이며 인구는 56

---

6 http://ko.marinabaysands.com/singapore-visitors-guide/around-mbs/gardens-by-the-bay.html#bSlCmpRroqyCQBsB.97 2017년 3월 20일 검색.

7 김수봉, 옥상조경정책연구,문운당, 2009, pp.175-181. 내용을 참고하여 다시 작성.

8 김수봉 외, 친환경적 도시계획 도시열섬연구, 문운당, 2006, pp.45~63.

만여 명에 달하고 인구밀도는 2,700명/㎢로서 과밀지역이다. 슈투트
가르트 시 토지이용변화의 근본적인 원인은 인구증가였다. 인구증가
는 토지이용의 과밀화를 가져와 시가지 내의 공기순환을 어렵게 하고
과도한 에너지 사용과 교통량을 유발시켜 도시 전체에 대한 대기오염
을 가중시키고 열섬현상과 같은 국지적인 기후조건을 변화시키는 원
인이 되었다. 슈투트가르트의 기후는 시가 위치해 있는 네카 분지의
자연지형조건에 크게 영향을 받고 있다. 슈투트가르트는 전체적으로
북동쪽을 제외하고는 삼면이 높은 산으로 둘러싸여 있어 도시전체의
공기순환이 어려운 조건을 갖고 있다. 슈투트가르트의 북쪽은 비옥한
농경지이며, 남쪽은 적토층으로 이루어진 산지가 시의 남부까지 이어
져 있다. 시의 동쪽과 서쪽에는 도시림(슈르발트 Schurwald와 슈바르츠발트
Schwarzward)이 펼쳐져 있다(그림 3-14).

그림 3-14
슈투트가르트 시의 동쪽과
서쪽에는 도시림이 펼쳐져
있다.

슈투트가르트시의 기후요소(일사량, 습도, 기온, 바람, 강우 등)는 기본적으
로 이러한 지형조건에 큰 영향을 받고 있다. 도시주변부의 지형은 고
도의 차가 크지 않으나 도시지역 내에서는 고도의 차가 매우 큰(200~
300m) 역동적이고 다양한 지형조건을 가지고 있다. 가장 두드러진 것
은 도시지역 내에 수많은 크고 작은 계곡들이 산재해 있는 것인데 이
들은 각기 슈투트가르트 시가지로 차고 신선한 공기의 공급을 위해
매우 중요한 역할을 하고 있다. 이들 외에 슈투트가르트시의 바람길
과 관련하여 중요한 의미를 갖는 대표적인 지형으로서는 도시지역 내

의 분지를 남서에서 북동방향으로 가로지르는 네젠계곡(Nesenbachtal, 길이 6km)과 도시의 동쪽 일부지역을 남동에서 북쪽 방향으로 통과하는 네카강(Neckar)이다. 네젠계곡과 네카강이 접하는 일대에 슈투트가르트의 도심지가 형성되어 있는데 도심지의 공기순환을 위해서 네젠계곡은 매우 중요한 지형적 역할을 하고 있다. 이와 같이 슈투트가르트의 지형조건은 도시의 공기순환을 어렵게 하여 대기오염을 유발하는 원인을 제공하기도 하지만, 한편으로는 부분적으로 국지적 지형조건들은 차고 신선한 공기를 생성하여 시가지로 유입시키는 바람길 역할도 하기 때문에 대기오염과 도시열섬문제를 개선하는 데 활용할 수 있는 매우 큰 잠재력을 가지고 있다. 이러한 도시의 환경문제를 해결을 통한 지속가능한 도시를 만들기 위하여 슈투트가르트 시는 바람통로를 확보하고 옥상정원을 의무화하였다(그림 3-15).

그림 3-15
슈투트가르트는 도시지역 내에서는 고도의 차가 매우 큰 역동적이고 다양한 지형조건을 가지고 있다.

2) 바람길

도심 내에서 찬공기를 만들 수 있다면 바람길을 형성하는 데 도움이 된다. 녹지나 하천은 머금고 있던 물이 증발하면서 온도를 떨어뜨리는 냉각효과가 탁월하다. 도시 안에 녹지와 물이 흐르는 곳을 많이 만들어 주면 산에서 찬바람이 생기는 것과 비슷한 효과를 낼 수 있다. 산에서 만들어진 찬 공기를 도심 깊숙이 끌어들이기 위해 도시 안에 녹지로 길을 만들 수도 있다. 자연의 시원한 바람은 도시의 열섬현상과 대기오염을 완화시킨다. 바람길을 열어 도시를 식히려면 먼저 '산 위에서 부는 바람 시원한 바람'을 적극적으로 끌어들일 필요가 있다.[9] 이러한 '산위에서 부는 시원한 바람'을 도시로 끌어들이는 노력을 적 극적으로 시도해서 성공한 도시가 슈투트가르트다.

슈투트가르트에서는 바람길을 파악하여 시가지로 찬 공기를 유입시키 기 위한 노력을 오래전부터 다양하게 보여주었다. 가장 두드러진 것은 이러한 바람길을 활용하여 도시개발을 유도시키기 위한 제도적 차원의 내용이다. 즉, 상위개념의 토지이용계획(F-Plan: Flchennutzungsplan)에서 이미 도시 전체를 대상으로 한 바람길 활용에 대한 기본지침을 제시 하고 있으며, 이 지침에 따라 실제 도시개발수단인 지구상세계획(B-Plan: Bebauungsplan)에서는 구체적인 규제방안이 강구된다. 이들 규제 방안 가운데 몇 가지를 예시하면 다음과 같다(그림 3-16).

그림 3-16
중앙역 옥상에서 바라본 슈 투트가르트 시는 바람길을 고려한 옥상녹화와 차없는 거리(königstraße), 키 큰 가로수가 인상적이다.

① 도심에 가까운 구릉부에서는 녹지의 보전·도입·교체 이외의 신규건축행위를 금지한다.
② 도시중심부의 바람통로가 되는 부분에서는 건축물에 대하여 5층을 상한선으 로 하고 건물의 간격을 최소 3m 이상으로 한다.
③ 바람통로가 되는 큰길과 소공원은 100m의 폭을 확보한다.
④ 바람통로가 되는 산림에는 바람이 빠져나갈 통로를 만든다.

---

9 네이버 지식백과, 바람도 길이 있다! (KISTI의 과학향기 칼럼, KISTI).

⑤ 교목은 **빽빽**하게 심어 신선하고 차가운 공기를 잘 생성시킬 수 있는 공기 댐을 만들어 공기의 흐름이 강력하게 확산될 수 있도록 한다.

⑥ 주차장도 콘크리트 노면포장을 자제하고 친환경적인 공간투수(생태) 블록을 깔아 식물이 생육할 수 있도록 한다. 가능한 주차장표면의 녹지를 살려서 습도를 유지하여 건조하지 않게 한다.

슈투트가르트는 바람길 활용계획에 따라 수림지가 전체 도심에서 차지하는 비율이 23.9%에 이른다. 이러한 결과를 얻기 위한 프로젝트는 1968년부터 시작되어 지금까지 꾸준하게 지속적으로 추진되고 있다. (표 3-1).

표 3-1 지속가능한 도시 슈투트가르트의 바람길 확보를 위한 노력

① 1968~1972년: 녹지보전과 바람길 보전하면서 아젬발트 지역에 주택건설
② 1976년, 1979년: 독일연방 건설법이 개정되면서 바람길 조성과 활용에 관한 법적 근거 마련
③ 1988년: 슈투트가르트에서는 지금의 중앙역(Hauptbahnhof)을 없애고 기차역 전체를 지하로 옮기는 중앙역 재건축 대형 프로젝트인 슈투트가르트 21프로젝트를 슈투트가르트 시와 ㈜독일철도 공동으로 진행 중
④ 1997년: 슈투트가르트 중앙역 재개발 설계안을 공모(126개 접수)하여 도르프 건축설계 사무소 안으로 최종선정
⑤ 2020년까지: 모든 기차역의 지하화를 통한 완벽한 바람길 형성
⑥ 2040년까지: 지속가능한 브라운필드 개발(NBS) 프로젝트는 2040년까지 녹지율 20% 이상 확보를 목표

슈투트가르트 시 '그뤼네U' 프로젝트는 1939년 채석장과 폐기물 처리장에 500,000㎡규모의 공원을 조성한 뒤 1950년, 1961년, 1977년, 1993년까지 5번의 정원박람회를 개최하면서 공원녹지를 점차 확대해 도시를 관통하는 녹지체계를 완성하였다. 그리고 이 프로젝트는 바람길이나 조망을 염두에 두어 남쪽의 네카강변에서 시작하여 북으로 능선에 이르기까지 8km에 달하는 9개의 공원들을 연결하여 녹지벨트를 조성하였다. 시내 중심가에 잔디 운동장을 조성하는가 하면 전찻길에도 잔디를 까는 등 세밀한 부분까지 신경을 쓰는 친환경 정책을 펼쳐 시민들의 큰 호응을 얻었다. 슈투트가르트가 다른 도시와 차이를 보이는 점은 숲이 끝나는 지점과 도시의 시작지역(주택지역)을 녹지

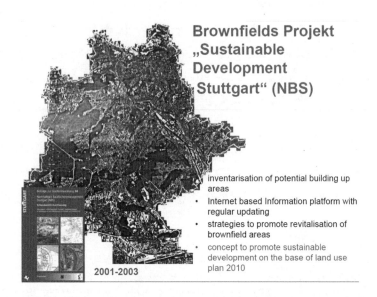

Brownfields Projekt „Sustainable Development Stuttgart" (NBS)

- inventarisation of potential building up areas
- Internet based Information platform with regular updating
- strategies to promote revitalisation of brownfield areas
- concept to promote sustainable development on the base of land use plan 2010

2001-2003

그림 3-17
슈투트가르트는 지속가능한 브라운필드 개발(NBS) 프로젝트에 의거하여 2040년까지 녹지율 20% 이상 확보를 목표로 하고 있다.

로 연결한 점이다. 고질적인 대기오염문제를 해결하기 위해 도시외곽으로부터 바람이 자연스럽게 도시로 들어와 순환할 수 있도록 했다. '그뤼네U' 프로젝트 이후에도 슈투트가르트는 2020년까지 바람길 활용계획에 따라 기차역을 지하화하고, 지속가능한 브라운필드 개발(NBS) 프로젝트에 의거하여 2040년까지 녹지율 20% 이상 확보를 목표로 하고 있다(그림 3-17). 시민의 저항으로 잠시 난항을 겪었던 기차역 지하화 계획인 '슈투트가르트 21'프로젝트도 현재 순조롭게 진행 중이라고 한다. 2019년 완공을 목표로 현재 진행 중인 '슈투트가르트 21'프로젝트는 시의 현재 중앙역 건물(Hauptbahnhof)을 철거하고 기차역 전체를 지하로 옮겨 그 위에 공원녹지를 조성하여 바람길을 확보하겠다는 슈투트가르트 시의 야심찬 대형 프로젝트다(그림 3-18).

그림 3-18
중앙역의 지하화 작업이 이
루어진 후 상부는 공원녹지
를 조성하여 바람길을 확보
할 예정이다.[10]

3) 옥상녹화

① **옥상녹화 의무화:** 슈투트가르트의 옥상녹화는 오랜 역사와 전통을 가지고 있다. 이 도시의 첫 번째 옥상녹화는 1920년대에 조성되었으며 오늘날까지 존재한다.

슈투트가르트는 1985년 독일도시 중 최초로 지방개발계획 속에 옥상녹화를 포함시켰다. 이어서 1986년 재정지원 유인정책을 수립했으며 이 정책은 아직까지 유효하다. 공공건물은 옥상녹화를 의무감을 가지고 자발적으로 추진한다(그림 3-19).

그림 3-19
슈투트가르트 시 도시환경국
건물 옥상의 모습

---

10 http://www.manager-magazin.de/politik/deutschland/bild-1123028-1048963.html
2017년 3월 23일 검색.

슈투트가르트는 '바이러 파르크(Weiler Park) 공업단지'를 조성할 때인 1985년 지방개발계획에서 처음으로 옥상녹화를 의무화하였다. 그 의무규정에 따르면 모든 평지옥상과 경사도 8°에서 12°까지의 경사진 옥상은 반드시 저관리경량형 옥상녹화를 적어도 토양 12 cm 깊이를 가진 식수대에 조성해야 한다고 명시하고 있다. 식물의 뿌리 성장 깊이에 대하여 상세하게 기술한 것은 매우 중요한 의무조항이며 이것은 후에 승인을 확인하기 위한 조치이다.

옥상녹화는 연방생태보상과 대체수단(Federal Ecological Compensation and Replacement)에 의하여 또 규제되는데, 여기에 따르면 환경훼손은 반드시 피해야 하며, 최소화하거나 완화해야 한다고 정하고 있다.

슈투트가르트의 경우 어떤 단지의 개발 전후의 다양한 생태적인 특징에 대한 값을 부여하여 기록하였다. 이는 개발 전후 두 숫자 사이의 차이가 녹화를 어느 정도까지 완화 또는 보완이 필요한지를 결정한다. 만약 건축공사 전의 어떤 지역의 가치가 268,000점이고, 제안된 개발 후의 점수가 193,250점(완화수단을 사용한 후에도)이라면 이것은 증가한 불투수성포장면적 때문이다. 평가에 따르면 개발된 지역은 단지 72%의 원래의 생물적 특징만을 보유하고 있으며 이는 다른 지역에 대체수단을 필요로 한다는 것이다. 이는 도시의 다른 지역에 녹지를 조성하거나 자연화를 통한 수단을 이용하여 이룰 수 있다.

이 경우 옥상녹화는 그 값이 1로 정해져 있고 보통 옥상은 그 값이 0이다. 만약 옥상녹화가 이 개발프로젝트에 포함되지 않는다면, 개발지역은 단지 164,450점의 가치를 가지며 61%의 원래 생물적 특징만 계산되고 그 차이는 11%이다. 옥상녹화는 단지에서 행해지는 완화와 대체 수단이 허락하는 독특한 보상의 기회이다.

옥상녹화에서 개발업자들과의 교환조건 또는 협상은 일반적인 속성이다. 예를 들면, 예외는 건축적인 이유로 만들어지는데 아치형 옥상은 비록 녹화되었다 하더라도 미적인 이유로 조건에서 제외된다. 보상은 전형적으로 동일 평면에 수목식재를 하듯 식생을 여기저기에 심는 것을 포함한다.

② **재정유인책:** 1986년 슈투트가르트는 옥상녹화를 위한 재정유인책 프로그램을 도입했다. 이 프로그램은 시의 계획부서에서 담당했다. 이 프로그램을 위해 연간 51,000유로(한화 6200만원)를 확보했으며 옥상녹화 조성비용의 50%를 지원하거나 ㎡당 17.90유로(2만원)를 지원한다. 녹화비용을 지원받기 위해서 지원자는 단지계획, 옥상녹화계획 내용과 예상비용을 같이 제출해야 한다.

시의 공원 및 묘지담당과 직원이 비용과 관련된 자문을 해준다. 시정부는 옥상녹화 관련 '방법(how to)에 관한' 책자를 발간하는데, 그 내용에는 옥상녹화의 혜택, 경량형과 중량형 옥상녹화, 중량과 방수, 옥상녹화시스템, 식물 선택방법(목록포함) 그리고 유지관리 등을 포함하고 있다. 이 책자는 특히 옥상녹화가 가져야 할 스펙(특기사항)이나 기능 등에 관하여 기술하고 있는데, 예를 들면 옥상녹화의 30% 우수유지능력이나 FLL에서 제안하는 디자인(시공) 표준 등이다. 독일 환경문제 해결의 주체인 FLL(독일 경관 개발 및 조성에 관한 연구 모임 Forschungsgesellschaft Landschaftsentwicklung Landschaftsbau e. V. - The Research Society for Landscape Development and Construction)은 1975년에 설립되어 옥상녹화의 조성방법에 대한 평가를 시작하였다. 1982년 FLL에서 발간한 '옥상녹화의 기본(Principals for Roof Greening)'에서 관리형 옥상녹화(intensive green roofing) 문제를 본격적으로 취급하였다. 그리고 1984년에는 저관리형 옥상녹화(extensive greening)에 관하여 연구를 하였는데, 이것이 오늘날 우리가 이야기하는 관리형 그리고 저관리형 옥상녹화시스템이다.

독일의 FLL에서 발간한 '옥상녹화의 지침(Guidelines for the Planning, Execution and Upkeep of Green-roof sites)'은 옥상녹화건설의 생태적인 문제와 관련하여 중요한 역할을 하고 있으며, 옥상녹화를 만든 후 발생할 수 있는 안전문제와 신뢰문제에 관련하여 이용자들에게 기술적 상세한 지침을 제공하고 있다(그림 3-20).

그림 3-20
독일의 FLL 홈페이지[11]

③ **옥상녹화의 효과:** 슈투트가르트에서도 옥상녹화가 처음부터 환영을
받은 것은 아니었다. 공통적인 논의의 대상은 고층에 조성되는 옥상
녹화의 비용과 공사 후의 누수문제에 관한 것이었다. 이러한 문제는
처음으로 전체 주거단지의 모든 옥상에 녹화를 의무적으로 실시했던
공업단지 바이러 파르크(Weiler Park)의 경우에서 더 명백해졌다.
공업단지 바이러 파르크의 개발은 매우 논쟁적인 요소가 많았는데,
왜냐하면 그 지역이 바로 주요 농업지대였기 때문이었다. 이곳은 개
발비용이 너무 비싸 추가적인 투자를 할 사업자를 찾기가 어려울 것
으로 전망되었다. 여러 차례의 회합을 가진 결과 경량형 옥상녹화를
하는 조건으로 개발이 승인되었다. 옥상녹화로 인하여 미기후가 향상
되고 폭우가 관리되었으며 그리고 개발지 주위의 경관이 아름답게 개
선되었다. 이 공업단지는 2개의 주요한 고속도로와 1개의 철도노선이
교차하는 움푹 들어간 작은 골짜기 같은 곳이어서 그 곳의 모든 지붕
을 다 볼 수 있었다.

---

11 http://www.fll.de/ 2017년 3월 22일 검색.

슈투트가르트는 공공건물을 옥상녹화하고, 공공건물이나 개인건물을 위한 재정적인 유인정책을 제공하였으며, 지방개발계획에 옥상녹화를 의무화하여 활성화시킴으로써 지속가능한 도시가 지향해야 할 모범을 보여 주었다(그림 3-21).

그림 3-21
슈투트가르트는
공공건물을
옥상녹화하고,
공공건물이나
개인건물을 위한
재정적인 유인정책을
제공하였다.

찾아보기

INDEX

저자소개

1961년 대구生

대한민국 ROTC 22기(예비역 육군 중위)

경북대학교('84)와 동 대학원('88) 조경학과 졸업.

영국 셰필드대학교에서 Ph.D.('94, 지도교수 Prof. Anne R. Beer)

경북대학교 조경학과 조교('88-'90)

셰필드 대학교 건축학부 조경학과에서 Post-Doc과정('94-'95)

대구지역환경기술개발센터장, 대구광역시 건축심의 위원

싱가폴국립대학(NUS) 건축학과 초빙교수 등 역임

현재 경상북도 도시계획위원회 위원, 대구광역시 산업단지계획 심의위원회 위원

　　　부산지방국토관리청 기술자문위원회 위원, 경상북도 지방건설기술심의위원회 위원

　　　경상북도 지방건설기술심의위원회 설계심의분과위원

　　　경상북도 산업단지계획 심의위원회 위원, 한국조경학회 영남지회장

　　　한국조경학회 교육부회장, 계명대학교 동영학술림장

　　　계명대학교 공과대학 도시학부 생태조경학전공 교수

저서로는 <옥상조경 정책연구, 2009>와 <그린디자인의 이해, 2012>,

　　　<안전한 어린이공원, 2014>, <자연을 담은 디자인, 2016> 등 20여 권,

역서 <우리의 공원, 2014>, <환경과학 개론, 2001> 외,

주요 논문으로 <건강한 캠퍼스 공동체 조성을 위한 대학생의 보행성에 관한 연구, 2015>

　　　외 110편이 있다.

지속가능한 디자인과 사례

초판발행	2017년 6월 30일
지은이	김수봉
펴낸이	안종만
편 집	전채린
기획/마케팅	장규식
표지디자인	권효진
제 작	우인도 · 고철민
펴낸곳	(주) **박영사**
	서울특별시 종로구 새문안로3길 36, 1601
	등록 1959. 3. 11. 제300-1959-1호(倫)
전 화	02)733-6771
f a x	02)736-4818
e-mail	pys@pybook.co.kr
homepage	www.pybook.co.kr
ISBN	979-11-303-0448-9 93540

copyright©김수봉, 2017, Printed in Korea